AF824080

# LIVE FIRE
# Shooting Drills
# Logbook

**Shawn Kovacich**

**AUTHOR APPROVED SHOOT/NO SHOOT EDITION**

All Rights Reserved © 2019 Shoot NO Shoot Productions - Shawn Kovacich

***No part of this book may be reproduced or transmitted in any form or by any means, graphic, electronic, or mechanical, including photocopying, recording, taping, or by any information storage retrieval system, with the express written consent of the author.***

Printed in the United States of America

Library of Congress Control Number: 2019912091

ISBN #978-1-7336809-3-6

# Table of Contents

Logbook Entry (write down the name of the live-fire drill you are practicing)

________________________________________ 1

________________________________________ 3

________________________________________ 5

________________________________________ 7

________________________________________ 9

________________________________________ 11

________________________________________ 13

________________________________________ 15

________________________________________ 17

________________________________________ 19

________________________________________ 21

________________________________________ 23

________________________________________ 25

________________________________________ 27

________________________________________ 29

________________________________________ 31

________________________________________ 33

________________________________________ 35

________________________________________ 37

________________________________________ 39

________________________________________ 41

________________________________________ 43

________________________________________ 45

________________________________________ 47

________________________________________ 49

________________________________________ 51

________________________________________ 53

________________________________________ 55

________________________________________ 57

________________________________________ 59

________________________________________ 61

________________________________________ 63

________________________________________ 65

________________________________________ 67

________________________________________ 69

________________________________________ 71

# Disclaimer

Please note that the author, Shawn Kovacich, and the publisher, **Shoot-NO-Shoot Productions**, Chikara Kan, Inc., of this logbook are **Not Responsible** in any manner whatsoever, for any injury, which may occur by reading and/or following the instructions located within this logbook. The distributor and any and all other individuals and or businesses connected with the production and/or distribution of this logbook also disclaim any and all liability for any damage or injury of any kind that may result from the appropriate use or inappropriate misuse of any information contained within this logbook.

The techniques that you will be executing while utilizing this logbook are potentially lethal in nature and are intended to be used in a **safe and law abiding manner** during practice and also if/when confronted with a potentially life threatening situation that may or may not require the use of lethal force in order to protect ones life. It is the reader or readers direct responsibility to research and comply with all applicable laws regarding the use of force in a self-defense situation in the areas in which they reside, do business, or frequent. **Ignorance of the law never has been, nor is it likely that it ever will be, a viable defense.**

Due to the fact that the techniques described in this book are physical in nature, it is essential that the reader or readers of this book consult a qualified and competent physician before following any of the activities, physical or otherwise, that you will be executing while utilizing this logbook.

This book and all the information contained therein is intended to be used as a supplemental training aid, and should be used as such, under the guidance of a qualified and competent firearms instructor.

**This book and the information contained within are for informational purposes only!**

# Copyrights & Trademarks

Please note that no part of this book including text, photographs, and illustrations, may be reproduced, or transmitted, in any form or by any means, graphic, electronic, or mechanical, including photocopying, recording, taping, or by any information storage retrieval system, without the express written consent of the author.

**Shoot-NO-Shoot**, **Critical Decision Making**, the **Shoot-NO-Shoot "logo"** (which is shown on the back cover), are all trademarks of **Shoot-NO-Shoot Productions** and Chikara Kan, Inc.

# SAFETY

Due to the physical nature of the activities that you will be participating in while utilizing this logbook, it is highly recommended that you first consult a qualified and competent physician before starting any physical training routine. Regardless of your current physical condition. Remember, an ounce of prevention is worth a pound of cure. And also remember, **Safety First, Foremost, and Always!**

Additionally, make sure that you have shooting glasses for your eyes and sound deadening ear muffs or plugs for your ears! Make sure that you know, understand, and abide by **ALL SAFETY RULES** at whatever range you are practicing at, regardless of your experience. Remember, you can never be too safe.

# AND FINALLY...

You would do well to remember that progress should be measured in inches, not in miles. You are not going to execute 10 or 20 live-fire drills and then all of a sudden be showing a remarkable improvement in your shooting skills. It takes time, proper practice, full immersion and active participation, and consistency in practice in order to achieve positive results. You probably won't see any big changes after just a few live-fire drills, but you should be seeing some improvement after the first 100 live-fire drills. And, you should continue to show improvement after every 100 live-fire drills that you execute, if you have fully immersed yourself both physically and mentally, while actively participating in each and every training session.

In addition to that, if you have also been studying and refining your live-fire and dry-fire handgun skills under the watchful eye of a qualified and competent firearms instructor, then you will make even greater progress in honing your shooting skills.

# HOW TO USE THIS LOGBOOK

In order to obtain the full benefits of this **Live Fire: Shooting Drills Logbook**, you will want to follow these simple instructions on how to best utilize this logbook. This logbook should be used along with your active participation with the various live-fire drills that you are currently practicing. These live-fire drills that you have learned and/or are learning, should be practiced on a regular and consistent basis while keeping an extensive and detailed record of the number of repetitions that your are executing during each practice session.

However, please make sure that you are first doing the live-fire drills **SAFELY** and correctly before you start keeping track of the hundreds, and perhaps even thousands, of repetitions that you are going to start keeping track of. Because if you are doing these live-fire drills incorrectly the first time, and you continue to practice them incorrectly, how do you think you are going to execute them on the 1,000th time?

**COVER & SPINE**

When you look at the front cover and the spine, you will see a small white box in the lower left hand corner on the front cover and a smaller white box on the spine. These are include in order to give you a space in which to write down the volume number or other such indicator of the logbook that you are currently using.

**LOGBOOK ENTRY** (on the **"Table of Contents"** pages)

This is where you will write down the name of the live-fire drill that you are practicing.

**DRILL**

Write down the name of the "**Live-Fire Drill"** that you are going to be practicing and keeping meticulous track of. For example; Failure to Stop, El Presidente, Mad Half-Minute, etc.

**NUMBER OF TARGETS**

This would be the number of targets that you will be using in this particular live-fire drill.

**DISTANCE BETWEEN TARGETS**

This would be the distance (in feet) between each of the targets that you are using in this particular live-fire drill. This should not be confused with the **"Distance From Shooter,"** which we will be covering on the next page.

## TARGET USED

This section is where you would enter the type of target used in this particular live-fire drill. For example; B-21, B-27E, FBI-QT, etc.

## SCORING AREA

This would be the approved scoring area on the target being used for this particular live-fire drill. For example; bullseye, heart, head, the "T" formation on front of the head, etc.

## DISTANCE FROM SHOOTER

This would be the distance (in feet) from the shooter to the target(s) that you are using in this particular live-fire drill. This should not be confused with the **"Distance Between Targets,"** which we already covered on the previous page.

## ROUNDS REQUIRED

How many rounds of ammunition are required for this particular live-fire drill.

## SHOOTING POSITION

What position will the shooter be in during this particular live-fire drill. For example; standing, kneeling, prone, etc.

## MAGAZINE CHANGE

You would circle one of the following; **Yes**, a magazine change was required, **No**, a magazine change was not required, or **Multiple** magazine changes were required.

## AFTER HOW MANY ROUNDS

If a magazine change is required during this particular live-fire drill, after how many rounds are fired is it required?

## DRAW FROM CONCEALMENT

Does this particular live-fire drill require you to draw from concealment? You would circle either; **Yes** or **No**.

## MAXIMUM ALLOTTED TIME

What is the maximum allotted time that you are given in order to finish this particular live-fire drill.

## DRILL SPECIFICS

In this section you can write down any additional information relevant to this particular drill that wasn't covered in the previous "fill-in-the-blank" sections.

## HOLSTER POSITION

How are you carrying your firearm? Are you carrying on your strong side hip? And if so, are you carrying it in a OWB (outside the waistband) holster? Or perhaps you are carrying on your strong side hip but in a IWB (inside the waistband) holster? You may also be carrying in a appendix carry holster, shoulder holster, cross draw holster, small of the back holster, a purse, fanny pack, a pocket holster, etc.

## HAND

This is where you would enter the hand that you are using during this particular **"Dry-Fire"** drill. Are you using your dominate (**"Right"** or **"Left"**) or non-dominate (**"Left"** or **"Right"**) hand?

## START DATE

This is where you will enter the **Date** that you started keeping track of the number of repetitions that you executed of this particular live-fire drill. Be sure and include the month, day, and year.

## SPARE MAGAZINE POSITION

This would be the location in which you are carrying your spare magazines.

## FIREARM

This would be the make and model of the particular **"Firearm"** that you used during your live fire shooting drills. So if you used a **Glock 19**, then the make of the **"Firearm"** would be Glock and the model would be 19. If you used let's say a **Kimber 1911 Royal II**, then "Kimber" would be the make, while the model would be the "1911 Royal II."

## COVER GARMENT

How are you concealing your firearm? What type of **"Cover Garment"** are you using to cover it? Jacket, shirt, etc. How is that **"Cover Garment"** fastened? Or, are you wearing it unfastened? Have you practiced drawing from various types of cover garments? What have you discovered? Does the same method of drawing work with all cover garments? Or, perhaps you are carrying in an off-body method such as a purse, briefcase, fanny pack, etc.

## CALIBER

This would be the caliber of bullet that is used in the firearm that you used during the live fire shooting drills. So, if you used a Glock 19, the caliber would be **9mm**. If you used the Kimber 1911 Royal II, the caliber would be **.45 ACP** or **45 Auto**.

## NOTES

This section allows you to write down any particular **Notes** that you may have concerning this particular live-fire drill that you are keeping track of.

## SLOW DRILLS

This section allows you to keep track of the number of slow live-fire drills or **"Slow Drills"** that you executed throughout the time frame that you are also executing your regular speed live-fire drills **"Time Drills"** of this particular live-fire drill. My personal recommendation is that you should execute at least 2 or 3 **"Slow Drills"** at the beginning and at the end of every session that you are working on this particular live-fire drill.

For example, if you are going to execute 10 repetitions of a particular live-fire drill at regular speed **"Time Drills,"** you should start out be executing 2 or 3 repetitions of that live-fire drill at a much slower speed **"Slow Drills"** in order to check for correct technique and efficient and effective movement. This should then be followed by up to 10 repetitions of the live-fire drill at regular speed and then finish up with another 2 or 3 slow repetitions. That would give you a total of 14 to 16 live-fire drills executed in that particular training session, 4 to 6 **"Slow Drills"** and 10 **"Time Drills."**

## TIME DRILLS

The regular speed or **"Time Drills"** section allows you to circle or check off the number of repetitions of this particular live-fire drill that you are keeping track of one repetition at a time. So, for every repetition that you execute of a particular live-fire drill, you would check off the next 1 repetition increment. For example; if you are just starting out and you just finished executing say 5 repetitions of a particular live-fire drill, you would then circle or check off the following numbers; 1, 2, 3, 4, and 5.

## NOTES

This **"Notes"** section, allows you the opportunity to write down any particular notes that you may have concerning this particular live-fire drill after every 100 repetitions executed. I have included a notes section after the **"Slow Reps"** so that you can also write down any notes that you may have concerning the execution of these slow repetitions during the course of executing this live-fire drill. Be sure and include the month, day, and year. Use the **"Additional Notes"** section included at the end of this logbook to keep track of any additional items that you feel you need to keep track of during the course of utilizing this logbook.

## END DATE

This is where you will enter the **"End Date"** in which you completed the 100 slow live-fire drills **"Slow Drills"** and the 500 regular speed live-fire drills **"Time Drills"** of this particular live-fire drill.

## CODE KEY

This section was included in order to allow you the opportunity to personalize the way you keep track of your progress by allowing you to use a variety of symbols, ink colors, etc., in order to keep track of any particularities that you wanted to include in your own personal way to add to your training regiment. I have included some various possibilities that you could use, or come up with your own that may fit your own particular needs. So without further ado, let's get started.

**BLACK INK** = Shot this particular live-fire drill at the maximum allotted time.

**BLUE INK** = Shot this particular live-fire drill under the maximum allotted time.

**RED INK** = Shot this particular live-fire drill over the maximum allotted time.

**X** (over the number) = Shot placement was optimal during this live-fire drill.

**CIRCLE** (around the number) = Shot placement was acceptable during this live-fire drill.

**SQUARE** (around the number) = Shot placement was unacceptable during this live-fire drill.

**TRIANGLE** (around the number) = Refer to **"Additional Notes"** section for more details.

# CODE KEY

Here is the **"Code Key"** for you to personalize to your own particular needs and training regiment. I would strongly recommend that you read through the **"How To Use This Logbook"** section prior to using this logbook in order to maximize its use to its fullest potential. Be sure and fill this out prior to starting your logbook.

**BLACK INK** ______________________________

______________________________

**BLUE INK** ______________________________

______________________________

**RED INK** ______________________________

______________________________

**X** ______________________________

______________________________

**CIRCLE** ______________________________

______________________________

**SQUARE** ______________________________

______________________________

**TRIANGLE** ______________________________

______________________________

**DRILL:**______________________________________________

**No. of Targets:**_________ **Distance between Targets:**_______________
**Target Used:**___________________ **Scoring Area:**___________________
**Distance from Shooter:**_____________ **Rounds Required:**___________
**Shooting Position:**____________________________________________
**Magazine Change: Yes - No - Multiple After How Many Rounds:**____
**Draw from Concealment: Yes - No Maximum Alloted Time:**________
**Drills Specifics:**_________________________________________________

______________________________________________________________

______________________________________________________________

**Holster Position:**______________ **Hand:** ______ **Start Date:** ________
**Spare Magazine Position:** ___________ **Firearm:** ___________________
**Cover Garment:** _________________________________ **Caliber:** ______
**Notes:**_____________________________________________________

______________________________________________________________

______________________________________________________________

**Slow Drills:** 1 - 2 - 3 - 4 - 5 - 6 - 7 - 8 - 9 - 10 - 11 - 12 - 13 - 14 - 15 - 16
17 - 18 - 19 - 20 - 21 - 22 - 23 - 24 - 25 - 26 - 27 - 28 - 29 - 30 - 31 - 32
33 - 34 - 35 - 36 - 37 - 38 - 39 - 40 - 41 - 42 - 43 - 44 - 45 - 46 - 47 - 48
49 - 50 - 51 - 52 - 53 - 54 - 55 - 56 - 57 - 58 - 59 - 60 - 61 - 62 - 63 - 64
65 - 66 - 67 - 68 - 69 - 70 - 71 - 72 - 73 - 74 - 75 - 76 - 77 - 78 - 79 - 80
81 - 82 - 83 - 84 - 85 - 86 - 87 - 88 - 89 - 90 - 91 - 92 - 93 - 94 - 95 - 96
97 - 98 - 99 - 100 **Notes:** ______________________________________

______________________________________________________________

______________________________________________________________

______________________________________________________________

**Time Drills:** 1 - 2 - 3 - 4 - 5 - 6 - 7 - 8 - 9 - 10 - 11 - 12 - 13 - 14 - 15 - 16
17 - 18 - 19 - 20 - 21 - 22 - 23 - 24 - 25 - 26 - 27 - 28 - 29 - 30 - 31 - 32
33 - 34 - 35 - 36 - 37 - 38 - 39 - 40 - 41 - 42 - 43 - 44 - 45 - 46 - 47 - 48
49 - 50 - 51 - 52 - 53 - 54 - 55 - 56 - 57 - 58 - 59 - 60 - 61 - 62 - 63 - 64
65 - 66 - 67 - 68 - 69 - 70 - 71 - 72 - 73 - 74 - 75 - 76 - 77 - 78 - 79 - 80
81 - 82 - 83 - 84 - 85 - 86 - 87 - 88 - 89 - 90 - 91 - 92 - 93 - 94 - 95 - 96
97 - 98 - 99 - 100 **Notes:** ______________________________________

______________________________________________________________

______________________________________________________________

______________________________________________________________

**Time Drills:** 1 - 2 - 3 - 4 - 5 - 6 - 7 - 8 - 9 - 10 - 11 - 12 - 13 - 14 - 15 - 16
17 - 18 - 19 - 20 - 21 - 22 - 23 - 24 - 25 - 26 - 27 - 28 - 29 - 30 - 31 - 32
33 - 34 - 35 - 36 - 37 - 38 - 39 - 40 - 41 - 42 - 43 - 44 - 45 - 46 - 47 - 48
49 - 50 - 51 - 52 - 53 - 54 - 55 - 56 - 57 - 58 - 59 - 60 - 61 - 62 - 63 - 64
65 - 66 - 67 - 68 - 69 - 70 - 71 - 72 - 73 - 74 - 75 - 76 - 77 - 78 - 79 - 80
81 - 82 - 83 - 84 - 85 - 86 - 87 - 88 - 89 - 90 - 91 - 92 - 93 - 94 - 95 - 96
97 - 98 - 99 - 100 **Notes:** ______________________________

**Time Drills:** 1 - 2 - 3 - 4 - 5 - 6 - 7 - 8 - 9 - 10 - 11 - 12 - 13 - 14 - 15 - 16
17 - 18 - 19 - 20 - 21 - 22 - 23 - 24 - 25 - 26 - 27 - 28 - 29 - 30 - 31 - 32
33 - 34 - 35 - 36 - 37 - 38 - 39 - 40 - 41 - 42 - 43 - 44 - 45 - 46 - 47 - 48
49 - 50 - 51 - 52 - 53 - 54 - 55 - 56 - 57 - 58 - 59 - 60 - 61 - 62 - 63 - 64
65 - 66 - 67 - 68 - 69 - 70 - 71 - 72 - 73 - 74 - 75 - 76 - 77 - 78 - 79 - 80
81 - 82 - 83 - 84 - 85 - 86 - 87 - 88 - 89 - 90 - 91 - 92 - 93 - 94 - 95 - 96
97 - 98 - 99 - 100 **Notes:** ______________________________

**Time Drills:** 1 - 2 - 3 - 4 - 5 - 6 - 7 - 8 - 9 - 10 - 11 - 12 - 13 - 14 - 15 - 16
17 - 18 - 19 - 20 - 21 - 22 - 23 - 24 - 25 - 26 - 27 - 28 - 29 - 30 - 31 - 32
33 - 34 - 35 - 36 - 37 - 38 - 39 - 40 - 41 - 42 - 43 - 44 - 45 - 46 - 47 - 48
49 - 50 - 51 - 52 - 53 - 54 - 55 - 56 - 57 - 58 - 59 - 60 - 61 - 62 - 63 - 64
65 - 66 - 67 - 68 - 69 - 70 - 71 - 72 - 73 - 74 - 75 - 76 - 77 - 78 - 79 - 80
81 - 82 - 83 - 84 - 85 - 86 - 87 - 88 - 89 - 90 - 91 - 92 - 93 - 94 - 95 - 96
97 - 98 - 99 - 100 **Notes:** ______________________________

**Time Drills:** 1 - 2 - 3 - 4 - 5 - 6 - 7 - 8 - 9 - 10 - 11 - 12 - 13 - 14 - 15 - 16
17 - 18 - 19 - 20 - 21 - 22 - 23 - 24 - 25 - 26 - 27 - 28 - 29 - 30 - 31 - 32
33 - 34 - 35 - 36 - 37 - 38 - 39 - 40 - 41 - 42 - 43 - 44 - 45 - 46 - 47 - 48
49 - 50 - 51 - 52 - 53 - 54 - 55 - 56 - 57 - 58 - 59 - 60 - 61 - 62 - 63 - 64
65 - 66 - 67 - 68 - 69 - 70 - 71 - 72 - 73 - 74 - 75 - 76 - 77 - 78 - 79 - 80
81 - 82 - 83 - 84 - 85 - 86 - 87 - 88 - 89 - 90 - 91 - 92 - 93 - 94 - 95 - 96
97 - 98 - 99 - 100 **Notes:** ______________________________

**End Date:** ______________

**DRILL:**____________________________________________

**No. of Targets:**_________ **Distance between Targets:**_______________
**Target Used:**__________________ **Scoring Area:**__________________
**Distance from Shooter:**_____________ **Rounds Required:**___________
**Shooting Position:**__________________________________________
**Magazine Change: Yes - No - Multiple After How Many Rounds:**____
**Draw from Concealment: Yes - No Maximum Alloted Time:**________
**Drill Specifics:** ____________________________________________

**Holster Position:**_____________ **Hand:** ______ **Start Date:** ________
**Spare Magazine Position:** ___________ **Firearm:** ________________
**Cover Garment:** _______________________________ **Caliber:** ______
**Notes:**________________________________________________

**Slow Drills:** 1 - 2 - 3 - 4 - 5 - 6 - 7 - 8 - 9 - 10 - 11 - 12 - 13 - 14 - 15 - 16
17 - 18 - 19 - 20 - 21 - 22 - 23 - 24 - 25 - 26 - 27 - 28 - 29 - 30 - 31 - 32
33 - 34 - 35 - 36 - 37 - 38 - 39 - 40 - 41 - 42 - 43 - 44 - 45 - 46 - 47 - 48
49 - 50 - 51 - 52 - 53 - 54 - 55 - 56 - 57 - 58 - 59 - 60 - 61 - 62 - 63 - 64
65 - 66 - 67 - 68 - 69 - 70 - 71 - 72 - 73 - 74 - 75 - 76 - 77 - 78 - 79 - 80
81 - 82 - 83 - 84 - 85 - 86 - 87 - 88 - 89 - 90 - 91 - 92 - 93 - 94 - 95 - 96
97 - 98 - 99 - 100 **Notes:** ____________________________

**Time Drills:** 1 - 2 - 3 - 4 - 5 - 6 - 7 - 8 - 9 - 10 - 11 - 12 - 13 - 14 - 15 - 16
17 - 18 - 19 - 20 - 21 - 22 - 23 - 24 - 25 - 26 - 27 - 28 - 29 - 30 - 31 - 32
33 - 34 - 35 - 36 - 37 - 38 - 39 - 40 - 41 - 42 - 43 - 44 - 45 - 46 - 47 - 48
49 - 50 - 51 - 52 - 53 - 54 - 55 - 56 - 57 - 58 - 59 - 60 - 61 - 62 - 63 - 64
65 - 66 - 67 - 68 - 69 - 70 - 71 - 72 - 73 - 74 - 75 - 76 - 77 - 78 - 79 - 80
81 - 82 - 83 - 84 - 85 - 86 - 87 - 88 - 89 - 90 - 91 - 92 - 93 - 94 - 95 - 96
97 - 98 - 99 - 100 **Notes:** ____________________________

**Time Drills:** 1 - 2 - 3 - 4 - 5 - 6 - 7 - 8 - 9 - 10 - 11 - 12 - 13 - 14 - 15 - 16
17 - 18 - 19 - 20 - 21 - 22 - 23 - 24 - 25 - 26 - 27 - 28 - 29 - 30 - 31 - 32
33 - 34 - 35 - 36 - 37 - 38 - 39 - 40 - 41 - 42 - 43 - 44 - 45 - 46 - 47 - 48
49 - 50 - 51 - 52 - 53 - 54 - 55 - 56 - 57 - 58 - 59 - 60 - 61 - 62 - 63 - 64
65 - 66 - 67 - 68 - 69 - 70 - 71 - 72 - 73 - 74 - 75 - 76 - 77 - 78 - 79 - 80
81 - 82 - 83 - 84 - 85 - 86 - 87 - 88 - 89 - 90 - 91 - 92 - 93 - 94 - 95 - 96
97 - 98 - 99 - 100 **Notes:** ______________________________

______________________________________________

______________________________________________

______________________________________________

**Time Drills:** 1 - 2 - 3 - 4 - 5 - 6 - 7 - 8 - 9 - 10 - 11 - 12 - 13 - 14 - 15 - 16
17 - 18 - 19 - 20 - 21 - 22 - 23 - 24 - 25 - 26 - 27 - 28 - 29 - 30 - 31 - 32
33 - 34 - 35 - 36 - 37 - 38 - 39 - 40 - 41 - 42 - 43 - 44 - 45 - 46 - 47 - 48
49 - 50 - 51 - 52 - 53 - 54 - 55 - 56 - 57 - 58 - 59 - 60 - 61 - 62 - 63 - 64
65 - 66 - 67 - 68 - 69 - 70 - 71 - 72 - 73 - 74 - 75 - 76 - 77 - 78 - 79 - 80
81 - 82 - 83 - 84 - 85 - 86 - 87 - 88 - 89 - 90 - 91 - 92 - 93 - 94 - 95 - 96
97 - 98 - 99 - 100 **Notes:** ______________________________

______________________________________________

______________________________________________

______________________________________________

**Time Drills:** 1 - 2 - 3 - 4 - 5 - 6 - 7 - 8 - 9 - 10 - 11 - 12 - 13 - 14 - 15 - 16
17 - 18 - 19 - 20 - 21 - 22 - 23 - 24 - 25 - 26 - 27 - 28 - 29 - 30 - 31 - 32
33 - 34 - 35 - 36 - 37 - 38 - 39 - 40 - 41 - 42 - 43 - 44 - 45 - 46 - 47 - 48
49 - 50 - 51 - 52 - 53 - 54 - 55 - 56 - 57 - 58 - 59 - 60 - 61 - 62 - 63 - 64
65 - 66 - 67 - 68 - 69 - 70 - 71 - 72 - 73 - 74 - 75 - 76 - 77 - 78 - 79 - 80
81 - 82 - 83 - 84 - 85 - 86 - 87 - 88 - 89 - 90 - 91 - 92 - 93 - 94 - 95 - 96
97 - 98 - 99 - 100 **Notes:** ______________________________

______________________________________________

______________________________________________

______________________________________________

**Time Drills:** 1 - 2 - 3 - 4 - 5 - 6 - 7 - 8 - 9 - 10 - 11 - 12 - 13 - 14 - 15 - 16
17 - 18 - 19 - 20 - 21 - 22 - 23 - 24 - 25 - 26 - 27 - 28 - 29 - 30 - 31 - 32
33 - 34 - 35 - 36 - 37 - 38 - 39 - 40 - 41 - 42 - 43 - 44 - 45 - 46 - 47 - 48
49 - 50 - 51 - 52 - 53 - 54 - 55 - 56 - 57 - 58 - 59 - 60 - 61 - 62 - 63 - 64
65 - 66 - 67 - 68 - 69 - 70 - 71 - 72 - 73 - 74 - 75 - 76 - 77 - 78 - 79 - 80
81 - 82 - 83 - 84 - 85 - 86 - 87 - 88 - 89 - 90 - 91 - 92 - 93 - 94 - 95 - 96
97 - 98 - 99 - 100 **Notes:** ______________________________

______________________________________________

______________________________________________

________________________________ **End Date:** __________

**DRILL:**______________________________________________

**No. of Targets:**________ **Distance between Targets:**______________
**Target Used:**__________________ **Scoring Area:**__________________
**Distance from Shooter:**_____________ **Rounds Required:**___________
**Shooting Position:**___________________________________________
**Magazine Change: Yes - No - Multiple After How Many Rounds:**____
**Draw from Concealment: Yes - No Maximum Alloted Time:**________
**Drill Specifics:** ___________________________________________

__________________________________________________________

__________________________________________________________

**Holster Position:**_____________ **Hand:** ______ **Start Date:** ________
**Spare Magazine Position:** ___________ **Firearm:** __________________
**Cover Garment:** ________________________________ **Caliber:** ______
**Notes:**___________________________________________________

__________________________________________________________

__________________________________________________________

**Slow Drills:** 1 - 2 - 3 - 4 - 5 - 6 - 7 - 8 - 9 - 10 - 11 - 12 - 13 - 14 - 15 - 16
17 - 18 - 19 - 20 - 21 - 22 - 23 - 24 - 25 - 26 - 27 - 28 - 29 - 30 - 31 - 32
33 - 34 - 35 - 36 - 37 - 38 - 39 - 40 - 41 - 42 - 43 - 44 - 45 - 46 - 47 - 48
49 - 50 - 51 - 52 - 53 - 54 - 55 - 56 - 57 - 58 - 59 - 60 - 61 - 62 - 63 - 64
65 - 66 - 67 - 68 - 69 - 70 - 71 - 72 - 73 - 74 - 75 - 76 - 77 - 78 - 79 - 80
81 - 82 - 83 - 84 - 85 - 86 - 87 - 88 - 89 - 90 - 91 - 92 - 93 - 94 - 95 - 96
97 - 98 - 99 - 100 **Notes:** _____________________________

__________________________________________________________

__________________________________________________________

__________________________________________________________

**Time Drills:** 1 - 2 - 3 - 4 - 5 - 6 - 7 - 8 - 9 - 10 - 11 - 12 - 13 - 14 - 15 - 16
17 - 18 - 19 - 20 - 21 - 22 - 23 - 24 - 25 - 26 - 27 - 28 - 29 - 30 - 31 - 32
33 - 34 - 35 - 36 - 37 - 38 - 39 - 40 - 41 - 42 - 43 - 44 - 45 - 46 - 47 - 48
49 - 50 - 51 - 52 - 53 - 54 - 55 - 56 - 57 - 58 - 59 - 60 - 61 - 62 - 63 - 64
65 - 66 - 67 - 68 - 69 - 70 - 71 - 72 - 73 - 74 - 75 - 76 - 77 - 78 - 79 - 80
81 - 82 - 83 - 84 - 85 - 86 - 87 - 88 - 89 - 90 - 91 - 92 - 93 - 94 - 95 - 96
97 - 98 - 99 - 100 **Notes:** _____________________________

__________________________________________________________

__________________________________________________________

__________________________________________________________

**Time Drills:** 1 - 2 - 3 - 4 - 5 - 6 - 7 - 8 - 9 - 10 - 11 - 12 - 13 - 14 - 15 - 16
17 - 18 - 19 - 20 - 21 - 22 - 23 - 24 - 25 - 26 - 27 - 28 - 29 - 30 - 31 - 32
33 - 34 - 35 - 36 - 37 - 38 - 39 - 40 - 41 - 42 - 43 - 44 - 45 - 46 - 47 - 48
49 - 50 - 51 - 52 - 53 - 54 - 55 - 56 - 57 - 58 - 59 - 60 - 61 - 62 - 63 - 64
65 - 66 - 67 - 68 - 69 - 70 - 71 - 72 - 73 - 74 - 75 - 76 - 77 - 78 - 79 - 80
81 - 82 - 83 - 84 - 85 - 86 - 87 - 88 - 89 - 90 - 91 - 92 - 93 - 94 - 95 - 96
97 - 98 - 99 - 100 **Notes:** ____________________

**Time Drills:** 1 - 2 - 3 - 4 - 5 - 6 - 7 - 8 - 9 - 10 - 11 - 12 - 13 - 14 - 15 - 16
17 - 18 - 19 - 20 - 21 - 22 - 23 - 24 - 25 - 26 - 27 - 28 - 29 - 30 - 31 - 32
33 - 34 - 35 - 36 - 37 - 38 - 39 - 40 - 41 - 42 - 43 - 44 - 45 - 46 - 47 - 48
49 - 50 - 51 - 52 - 53 - 54 - 55 - 56 - 57 - 58 - 59 - 60 - 61 - 62 - 63 - 64
65 - 66 - 67 - 68 - 69 - 70 - 71 - 72 - 73 - 74 - 75 - 76 - 77 - 78 - 79 - 80
81 - 82 - 83 - 84 - 85 - 86 - 87 - 88 - 89 - 90 - 91 - 92 - 93 - 94 - 95 - 96
97 - 98 - 99 - 100 **Notes:** ____________________

**Time Drills:** 1 - 2 - 3 - 4 - 5 - 6 - 7 - 8 - 9 - 10 - 11 - 12 - 13 - 14 - 15 - 16
17 - 18 - 19 - 20 - 21 - 22 - 23 - 24 - 25 - 26 - 27 - 28 - 29 - 30 - 31 - 32
33 - 34 - 35 - 36 - 37 - 38 - 39 - 40 - 41 - 42 - 43 - 44 - 45 - 46 - 47 - 48
49 - 50 - 51 - 52 - 53 - 54 - 55 - 56 - 57 - 58 - 59 - 60 - 61 - 62 - 63 - 64
65 - 66 - 67 - 68 - 69 - 70 - 71 - 72 - 73 - 74 - 75 - 76 - 77 - 78 - 79 - 80
81 - 82 - 83 - 84 - 85 - 86 - 87 - 88 - 89 - 90 - 91 - 92 - 93 - 94 - 95 - 96
97 - 98 - 99 - 100 **Notes:** ____________________

**Time Drills:** 1 - 2 - 3 - 4 - 5 - 6 - 7 - 8 - 9 - 10 - 11 - 12 - 13 - 14 - 15 - 16
17 - 18 - 19 - 20 - 21 - 22 - 23 - 24 - 25 - 26 - 27 - 28 - 29 - 30 - 31 - 32
33 - 34 - 35 - 36 - 37 - 38 - 39 - 40 - 41 - 42 - 43 - 44 - 45 - 46 - 47 - 48
49 - 50 - 51 - 52 - 53 - 54 - 55 - 56 - 57 - 58 - 59 - 60 - 61 - 62 - 63 - 64
65 - 66 - 67 - 68 - 69 - 70 - 71 - 72 - 73 - 74 - 75 - 76 - 77 - 78 - 79 - 80
81 - 82 - 83 - 84 - 85 - 86 - 87 - 88 - 89 - 90 - 91 - 92 - 93 - 94 - 95 - 96
97 - 98 - 99 - 100 **Notes:** ____________________

**End Date:** ____________

**DRILL:**________________________________________

**No. of Targets:**_________ **Distance between Targets:**______________
**Target Used:**__________________ **Scoring Area:**__________________
**Distance from Shooter:**_____________ **Rounds Required:**___________
**Shooting Position:**____________________________________________
**Magazine Change: Yes - No - Multiple After How Many Rounds:**____
**Draw from Concealment: Yes - No Maximum Alloted Time:**________
**Drill Specifics:** ________________________________________________

**Holster Position:**______________ **Hand:** ______ **Start Date:** _________
**Spare Magazine Position:** ____________ **Firearm:** __________________
**Cover Garment:** ___________________________________ **Caliber:** ______
**Notes:**__________________________________________________________

**Slow Drills:** 1 - 2 - 3 - 4 - 5 - 6 - 7 - 8 - 9 - 10 - 11 - 12 - 13 - 14 - 15 - 16
17 - 18 - 19 - 20 - 21 - 22 - 23 - 24 - 25 - 26 - 27 - 28 - 29 - 30 - 31 - 32
33 - 34 - 35 - 36 - 37 - 38 - 39 - 40 - 41 - 42 - 43 - 44 - 45 - 46 - 47 - 48
49 - 50 - 51 - 52 - 53 - 54 - 55 - 56 - 57 - 58 - 59 - 60 - 61 - 62 - 63 - 64
65 - 66 - 67 - 68 - 69 - 70 - 71 - 72 - 73 - 74 - 75 - 76 - 77 - 78 - 79 - 80
81 - 82 - 83 - 84 - 85 - 86 - 87 - 88 - 89 - 90 - 91 - 92 - 93 - 94 - 95 - 96
97 - 98 - 99 - 100 **Notes:** ________________________________

**Time Drills:** 1 - 2 - 3 - 4 - 5 - 6 - 7 - 8 - 9 - 10 - 11 - 12 - 13 - 14 - 15 - 16
17 - 18 - 19 - 20 - 21 - 22 - 23 - 24 - 25 - 26 - 27 - 28 - 29 - 30 - 31 - 32
33 - 34 - 35 - 36 - 37 - 38 - 39 - 40 - 41 - 42 - 43 - 44 - 45 - 46 - 47 - 48
49 - 50 - 51 - 52 - 53 - 54 - 55 - 56 - 57 - 58 - 59 - 60 - 61 - 62 - 63 - 64
65 - 66 - 67 - 68 - 69 - 70 - 71 - 72 - 73 - 74 - 75 - 76 - 77 - 78 - 79 - 80
81 - 82 - 83 - 84 - 85 - 86 - 87 - 88 - 89 - 90 - 91 - 92 - 93 - 94 - 95 - 96
97 - 98 - 99 - 100 **Notes:** ________________________________

**Time Drills:** 1 - 2 - 3 - 4 - 5 - 6 - 7 - 8 - 9 - 10 - 11 - 12 - 13 - 14 - 15 - 16
17 - 18 - 19 - 20 - 21 - 22 - 23 - 24 - 25 - 26 - 27 - 28 - 29 - 30 - 31 - 32
33 - 34 - 35 - 36 - 37 - 38 - 39 - 40 - 41 - 42 - 43 - 44 - 45 - 46 - 47 - 48
49 - 50 - 51 - 52 - 53 - 54 - 55 - 56 - 57 - 58 - 59 - 60 - 61 - 62 - 63 - 64
65 - 66 - 67 - 68 - 69 - 70 - 71 - 72 - 73 - 74 - 75 - 76 - 77 - 78 - 79 - 80
81 - 82 - 83 - 84 - 85 - 86 - 87 - 88 - 89 - 90 - 91 - 92 - 93 - 94 - 95 - 96
97 - 98 - 99 - 100 **Notes:** ______________________________

**Time Drills:** 1 - 2 - 3 - 4 - 5 - 6 - 7 - 8 - 9 - 10 - 11 - 12 - 13 - 14 - 15 - 16
17 - 18 - 19 - 20 - 21 - 22 - 23 - 24 - 25 - 26 - 27 - 28 - 29 - 30 - 31 - 32
33 - 34 - 35 - 36 - 37 - 38 - 39 - 40 - 41 - 42 - 43 - 44 - 45 - 46 - 47 - 48
49 - 50 - 51 - 52 - 53 - 54 - 55 - 56 - 57 - 58 - 59 - 60 - 61 - 62 - 63 - 64
65 - 66 - 67 - 68 - 69 - 70 - 71 - 72 - 73 - 74 - 75 - 76 - 77 - 78 - 79 - 80
81 - 82 - 83 - 84 - 85 - 86 - 87 - 88 - 89 - 90 - 91 - 92 - 93 - 94 - 95 - 96
97 - 98 - 99 - 100 **Notes:** ______________________________

**Time Drills:** 1 - 2 - 3 - 4 - 5 - 6 - 7 - 8 - 9 - 10 - 11 - 12 - 13 - 14 - 15 - 16
17 - 18 - 19 - 20 - 21 - 22 - 23 - 24 - 25 - 26 - 27 - 28 - 29 - 30 - 31 - 32
33 - 34 - 35 - 36 - 37 - 38 - 39 - 40 - 41 - 42 - 43 - 44 - 45 - 46 - 47 - 48
49 - 50 - 51 - 52 - 53 - 54 - 55 - 56 - 57 - 58 - 59 - 60 - 61 - 62 - 63 - 64
65 - 66 - 67 - 68 - 69 - 70 - 71 - 72 - 73 - 74 - 75 - 76 - 77 - 78 - 79 - 80
81 - 82 - 83 - 84 - 85 - 86 - 87 - 88 - 89 - 90 - 91 - 92 - 93 - 94 - 95 - 96
97 - 98 - 99 - 100 **Notes:** ______________________________

**Time Drills:** 1 - 2 - 3 - 4 - 5 - 6 - 7 - 8 - 9 - 10 - 11 - 12 - 13 - 14 - 15 - 16
17 - 18 - 19 - 20 - 21 - 22 - 23 - 24 - 25 - 26 - 27 - 28 - 29 - 30 - 31 - 32
33 - 34 - 35 - 36 - 37 - 38 - 39 - 40 - 41 - 42 - 43 - 44 - 45 - 46 - 47 - 48
49 - 50 - 51 - 52 - 53 - 54 - 55 - 56 - 57 - 58 - 59 - 60 - 61 - 62 - 63 - 64
65 - 66 - 67 - 68 - 69 - 70 - 71 - 72 - 73 - 74 - 75 - 76 - 77 - 78 - 79 - 80
81 - 82 - 83 - 84 - 85 - 86 - 87 - 88 - 89 - 90 - 91 - 92 - 93 - 94 - 95 - 96
97 - 98 - 99 - 100 **Notes:** ______________________________

**End Date:** ____________

**DRILL:**____________________________________________

**No. of Targets:**_________ **Distance between Targets:**_______________
**Target Used:**___________________ **Scoring Area:**__________________
**Distance from Shooter:**_____________ **Rounds Required:**___________
**Shooting Position:**_____________________________________________
**Magazine Change: Yes - No - Multiple After How Many Rounds:**____
**Draw from Concealment: Yes - No Maximum Alloted Time:**________
**Drill Specifics:** _____________________________________________

**Holster Position:**______________ **Hand:** ______ **Start Date:** _________
**Spare Magazine Position:** ____________ **Firearm:** __________________
**Cover Garment:** ________________________________ **Caliber:** ______
**Notes:**______________________________________________________

**Slow Drills:** 1 - 2 - 3 - 4 - 5 - 6 - 7 - 8 - 9 - 10 - 11 - 12 - 13 - 14 - 15 - 16
17 - 18 - 19 - 20 - 21 - 22 - 23 - 24 - 25 - 26 - 27 - 28 - 29 - 30 - 31 - 32
33 - 34 - 35 - 36 - 37 - 38 - 39 - 40 - 41 - 42 - 43 - 44 - 45 - 46 - 47 - 48
49 - 50 - 51 - 52 - 53 - 54 - 55 - 56 - 57 - 58 - 59 - 60 - 61 - 62 - 63 - 64
65 - 66 - 67 - 68 - 69 - 70 - 71 - 72 - 73 - 74 - 75 - 76 - 77 - 78 - 79 - 80
81 - 82 - 83 - 84 - 85 - 86 - 87 - 88 - 89 - 90 - 91 - 92 - 93 - 94 - 95 - 96
97 - 98 - 99 - 100 **Notes:** ___________________________________

**Time Drills:** 1 - 2 - 3 - 4 - 5 - 6 - 7 - 8 - 9 - 10 - 11 - 12 - 13 - 14 - 15 - 16
17 - 18 - 19 - 20 - 21 - 22 - 23 - 24 - 25 - 26 - 27 - 28 - 29 - 30 - 31 - 32
33 - 34 - 35 - 36 - 37 - 38 - 39 - 40 - 41 - 42 - 43 - 44 - 45 - 46 - 47 - 48
49 - 50 - 51 - 52 - 53 - 54 - 55 - 56 - 57 - 58 - 59 - 60 - 61 - 62 - 63 - 64
65 - 66 - 67 - 68 - 69 - 70 - 71 - 72 - 73 - 74 - 75 - 76 - 77 - 78 - 79 - 80
81 - 82 - 83 - 84 - 85 - 86 - 87 - 88 - 89 - 90 - 91 - 92 - 93 - 94 - 95 - 96
97 - 98 - 99 - 100 **Notes:** ___________________________________

**Time Drills:** 1 - 2 - 3 - 4 - 5 - 6 - 7 - 8 - 9 - 10 - 11 - 12 - 13 - 14 - 15 - 16
17 - 18 - 19 - 20 - 21 - 22 - 23 - 24 - 25 - 26 - 27 - 28 - 29 - 30 - 31 - 32
33 - 34 - 35 - 36 - 37 - 38 - 39 - 40 - 41 - 42 - 43 - 44 - 45 - 46 - 47 - 48
49 - 50 - 51 - 52 - 53 - 54 - 55 - 56 - 57 - 58 - 59 - 60 - 61 - 62 - 63 - 64
65 - 66 - 67 - 68 - 69 - 70 - 71 - 72 - 73 - 74 - 75 - 76 - 77 - 78 - 79 - 80
81 - 82 - 83 - 84 - 85 - 86 - 87 - 88 - 89 - 90 - 91 - 92 - 93 - 94 - 95 - 96
97 - 98 - 99 - 100 **Notes:** ______________________________

______________________________________________

______________________________________________

______________________________________________

**Time Drills:** 1 - 2 - 3 - 4 - 5 - 6 - 7 - 8 - 9 - 10 - 11 - 12 - 13 - 14 - 15 - 16
17 - 18 - 19 - 20 - 21 - 22 - 23 - 24 - 25 - 26 - 27 - 28 - 29 - 30 - 31 - 32
33 - 34 - 35 - 36 - 37 - 38 - 39 - 40 - 41 - 42 - 43 - 44 - 45 - 46 - 47 - 48
49 - 50 - 51 - 52 - 53 - 54 - 55 - 56 - 57 - 58 - 59 - 60 - 61 - 62 - 63 - 64
65 - 66 - 67 - 68 - 69 - 70 - 71 - 72 - 73 - 74 - 75 - 76 - 77 - 78 - 79 - 80
81 - 82 - 83 - 84 - 85 - 86 - 87 - 88 - 89 - 90 - 91 - 92 - 93 - 94 - 95 - 96
97 - 98 - 99 - 100 **Notes:** ______________________________

______________________________________________

______________________________________________

______________________________________________

**Time Drills:** 1 - 2 - 3 - 4 - 5 - 6 - 7 - 8 - 9 - 10 - 11 - 12 - 13 - 14 - 15 - 16
17 - 18 - 19 - 20 - 21 - 22 - 23 - 24 - 25 - 26 - 27 - 28 - 29 - 30 - 31 - 32
33 - 34 - 35 - 36 - 37 - 38 - 39 - 40 - 41 - 42 - 43 - 44 - 45 - 46 - 47 - 48
49 - 50 - 51 - 52 - 53 - 54 - 55 - 56 - 57 - 58 - 59 - 60 - 61 - 62 - 63 - 64
65 - 66 - 67 - 68 - 69 - 70 - 71 - 72 - 73 - 74 - 75 - 76 - 77 - 78 - 79 - 80
81 - 82 - 83 - 84 - 85 - 86 - 87 - 88 - 89 - 90 - 91 - 92 - 93 - 94 - 95 - 96
97 - 98 - 99 - 100 **Notes:** ______________________________

______________________________________________

______________________________________________

______________________________________________

**Time Drills:** 1 - 2 - 3 - 4 - 5 - 6 - 7 - 8 - 9 - 10 - 11 - 12 - 13 - 14 - 15 - 16
17 - 18 - 19 - 20 - 21 - 22 - 23 - 24 - 25 - 26 - 27 - 28 - 29 - 30 - 31 - 32
33 - 34 - 35 - 36 - 37 - 38 - 39 - 40 - 41 - 42 - 43 - 44 - 45 - 46 - 47 - 48
49 - 50 - 51 - 52 - 53 - 54 - 55 - 56 - 57 - 58 - 59 - 60 - 61 - 62 - 63 - 64
65 - 66 - 67 - 68 - 69 - 70 - 71 - 72 - 73 - 74 - 75 - 76 - 77 - 78 - 79 - 80
81 - 82 - 83 - 84 - 85 - 86 - 87 - 88 - 89 - 90 - 91 - 92 - 93 - 94 - 95 - 96
97 - 98 - 99 - 100 **Notes:** ______________________________

______________________________________________

______________________________________________

______________________________ **End Date:** __________

**DRILL:**____________________________________________

**No. of Targets:**_________ **Distance between Targets:**______________
**Target Used:**__________________ **Scoring Area:**_________________
**Distance from Shooter:**_____________ **Rounds Required:**___________
**Shooting Position:**_______________________________________
**Magazine Change: Yes - No - Multiple After How Many Rounds:**____
**Draw from Concealment: Yes - No Maximum Alloted Time:**________
**Drill Specifics:** ________________________________________

**Holster Position:**______________ **Hand:** ______ **Start Date:** _________
**Spare Magazine Position:** ____________ **Firearm:** ___________________
**Cover Garment:** __________________________________ **Caliber:** ______
**Notes:**______________________________________________________

**Slow Drills:** 1 - 2 - 3 - 4 - 5 - 6 - 7 - 8 - 9 - 10 - 11 - 12 - 13 - 14 - 15 - 16
17 - 18 - 19 - 20 - 21 - 22 - 23 - 24 - 25 - 26 - 27 - 28 - 29 - 30 - 31 - 32
33 - 34 - 35 - 36 - 37 - 38 - 39 - 40 - 41 - 42 - 43 - 44 - 45 - 46 - 47 - 48
49 - 50 - 51 - 52 - 53 - 54 - 55 - 56 - 57 - 58 - 59 - 60 - 61 - 62 - 63 - 64
65 - 66 - 67 - 68 - 69 - 70 - 71 - 72 - 73 - 74 - 75 - 76 - 77 - 78 - 79 - 80
81 - 82 - 83 - 84 - 85 - 86 - 87 - 88 - 89 - 90 - 91 - 92 - 93 - 94 - 95 - 96
97 - 98 - 99 - 100 **Notes:** __________________________________

**Time Drills:** 1 - 2 - 3 - 4 - 5 - 6 - 7 - 8 - 9 - 10 - 11 - 12 - 13 - 14 - 15 - 16
17 - 18 - 19 - 20 - 21 - 22 - 23 - 24 - 25 - 26 - 27 - 28 - 29 - 30 - 31 - 32
33 - 34 - 35 - 36 - 37 - 38 - 39 - 40 - 41 - 42 - 43 - 44 - 45 - 46 - 47 - 48
49 - 50 - 51 - 52 - 53 - 54 - 55 - 56 - 57 - 58 - 59 - 60 - 61 - 62 - 63 - 64
65 - 66 - 67 - 68 - 69 - 70 - 71 - 72 - 73 - 74 - 75 - 76 - 77 - 78 - 79 - 80
81 - 82 - 83 - 84 - 85 - 86 - 87 - 88 - 89 - 90 - 91 - 92 - 93 - 94 - 95 - 96
97 - 98 - 99 - 100 **Notes:** __________________________________

**Time Drills:** 1 - 2 - 3 - 4 - 5 - 6 - 7 - 8 - 9 - 10 - 11 - 12 - 13 - 14 - 15 - 16
17 - 18 - 19 - 20 - 21 - 22 - 23 - 24 - 25 - 26 - 27 - 28 - 29 - 30 - 31 - 32
33 - 34 - 35 - 36 - 37 - 38 - 39 - 40 - 41 - 42 - 43 - 44 - 45 - 46 - 47 - 48
49 - 50 - 51 - 52 - 53 - 54 - 55 - 56 - 57 - 58 - 59 - 60 - 61 - 62 - 63 - 64
65 - 66 - 67 - 68 - 69 - 70 - 71 - 72 - 73 - 74 - 75 - 76 - 77 - 78 - 79 - 80
81 - 82 - 83 - 84 - 85 - 86 - 87 - 88 - 89 - 90 - 91 - 92 - 93 - 94 - 95 - 96
97 - 98 - 99 - 100 **Notes:** ______________________________

______________________________________________

______________________________________________

______________________________________________

**Time Drills:** 1 - 2 - 3 - 4 - 5 - 6 - 7 - 8 - 9 - 10 - 11 - 12 - 13 - 14 - 15 - 16
17 - 18 - 19 - 20 - 21 - 22 - 23 - 24 - 25 - 26 - 27 - 28 - 29 - 30 - 31 - 32
33 - 34 - 35 - 36 - 37 - 38 - 39 - 40 - 41 - 42 - 43 - 44 - 45 - 46 - 47 - 48
49 - 50 - 51 - 52 - 53 - 54 - 55 - 56 - 57 - 58 - 59 - 60 - 61 - 62 - 63 - 64
65 - 66 - 67 - 68 - 69 - 70 - 71 - 72 - 73 - 74 - 75 - 76 - 77 - 78 - 79 - 80
81 - 82 - 83 - 84 - 85 - 86 - 87 - 88 - 89 - 90 - 91 - 92 - 93 - 94 - 95 - 96
97 - 98 - 99 - 100 **Notes:** ______________________________

______________________________________________

______________________________________________

______________________________________________

**Time Drills:** 1 - 2 - 3 - 4 - 5 - 6 - 7 - 8 - 9 - 10 - 11 - 12 - 13 - 14 - 15 - 16
17 - 18 - 19 - 20 - 21 - 22 - 23 - 24 - 25 - 26 - 27 - 28 - 29 - 30 - 31 - 32
33 - 34 - 35 - 36 - 37 - 38 - 39 - 40 - 41 - 42 - 43 - 44 - 45 - 46 - 47 - 48
49 - 50 - 51 - 52 - 53 - 54 - 55 - 56 - 57 - 58 - 59 - 60 - 61 - 62 - 63 - 64
65 - 66 - 67 - 68 - 69 - 70 - 71 - 72 - 73 - 74 - 75 - 76 - 77 - 78 - 79 - 80
81 - 82 - 83 - 84 - 85 - 86 - 87 - 88 - 89 - 90 - 91 - 92 - 93 - 94 - 95 - 96
97 - 98 - 99 - 100 **Notes:** ______________________________

______________________________________________

______________________________________________

______________________________________________

**Time Drills:** 1 - 2 - 3 - 4 - 5 - 6 - 7 - 8 - 9 - 10 - 11 - 12 - 13 - 14 - 15 - 16
17 - 18 - 19 - 20 - 21 - 22 - 23 - 24 - 25 - 26 - 27 - 28 - 29 - 30 - 31 - 32
33 - 34 - 35 - 36 - 37 - 38 - 39 - 40 - 41 - 42 - 43 - 44 - 45 - 46 - 47 - 48
49 - 50 - 51 - 52 - 53 - 54 - 55 - 56 - 57 - 58 - 59 - 60 - 61 - 62 - 63 - 64
65 - 66 - 67 - 68 - 69 - 70 - 71 - 72 - 73 - 74 - 75 - 76 - 77 - 78 - 79 - 80
81 - 82 - 83 - 84 - 85 - 86 - 87 - 88 - 89 - 90 - 91 - 92 - 93 - 94 - 95 - 96
97 - 98 - 99 - 100 **Notes:** ______________________________

______________________________________________

______________________________________________

________________________________ **End Date:** __________

**DRILL:**________________________________________

**No. of Targets:**_________ **Distance between Targets:**______________
**Target Used:**__________________ **Scoring Area:**_________________
**Distance from Shooter:**____________ **Rounds Required:**___________
**Shooting Position:**______________________________________
**Magazine Change: Yes - No - Multiple After How Many Rounds:**____
**Draw from Concealment: Yes - No Maximum Alloted Time:**________
**Drill Specifics:** ______________________________________

**Holster Position:**______________ **Hand:** ______ **Start Date:** ________
**Spare Magazine Position:** ___________ **Firearm:** _________________
**Cover Garment:** ________________________________ **Caliber:** ______
**Notes:**________________________________________________

**Slow Drills:** 1 - 2 - 3 - 4 - 5 - 6 - 7 - 8 - 9 - 10 - 11 - 12 - 13 - 14 - 15 - 16
17 - 18 - 19 - 20 - 21 - 22 - 23 - 24 - 25 - 26 - 27 - 28 - 29 - 30 - 31 - 32
33 - 34 - 35 - 36 - 37 - 38 - 39 - 40 - 41 - 42 - 43 - 44 - 45 - 46 - 47 - 48
49 - 50 - 51 - 52 - 53 - 54 - 55 - 56 - 57 - 58 - 59 - 60 - 61 - 62 - 63 - 64
65 - 66 - 67 - 68 - 69 - 70 - 71 - 72 - 73 - 74 - 75 - 76 - 77 - 78 - 79 - 80
81 - 82 - 83 - 84 - 85 - 86 - 87 - 88 - 89 - 90 - 91 - 92 - 93 - 94 - 95 - 96
97 - 98 - 99 - 100 **Notes:** ______________________________

**Time Drills:** 1 - 2 - 3 - 4 - 5 - 6 - 7 - 8 - 9 - 10 - 11 - 12 - 13 - 14 - 15 - 16
17 - 18 - 19 - 20 - 21 - 22 - 23 - 24 - 25 - 26 - 27 - 28 - 29 - 30 - 31 - 32
33 - 34 - 35 - 36 - 37 - 38 - 39 - 40 - 41 - 42 - 43 - 44 - 45 - 46 - 47 - 48
49 - 50 - 51 - 52 - 53 - 54 - 55 - 56 - 57 - 58 - 59 - 60 - 61 - 62 - 63 - 64
65 - 66 - 67 - 68 - 69 - 70 - 71 - 72 - 73 - 74 - 75 - 76 - 77 - 78 - 79 - 80
81 - 82 - 83 - 84 - 85 - 86 - 87 - 88 - 89 - 90 - 91 - 92 - 93 - 94 - 95 - 96
97 - 98 - 99 - 100 **Notes:** ______________________________

**Time Drills:** 1 - 2 - 3 - 4 - 5 - 6 - 7 - 8 - 9 - 10 - 11 - 12 - 13 - 14 - 15 - 16
17 - 18 - 19 - 20 - 21 - 22 - 23 - 24 - 25 - 26 - 27 - 28 - 29 - 30 - 31 - 32
33 - 34 - 35 - 36 - 37 - 38 - 39 - 40 - 41 - 42 - 43 - 44 - 45 - 46 - 47 - 48
49 - 50 - 51 - 52 - 53 - 54 - 55 - 56 - 57 - 58 - 59 - 60 - 61 - 62 - 63 - 64
65 - 66 - 67 - 68 - 69 - 70 - 71 - 72 - 73 - 74 - 75 - 76 - 77 - 78 - 79 - 80
81 - 82 - 83 - 84 - 85 - 86 - 87 - 88 - 89 - 90 - 91 - 92 - 93 - 94 - 95 - 96
97 - 98 - 99 - 100 **Notes:** ______________________________

______________________________________________________

______________________________________________________

______________________________________________________

**Time Drills:** 1 - 2 - 3 - 4 - 5 - 6 - 7 - 8 - 9 - 10 - 11 - 12 - 13 - 14 - 15 - 16
17 - 18 - 19 - 20 - 21 - 22 - 23 - 24 - 25 - 26 - 27 - 28 - 29 - 30 - 31 - 32
33 - 34 - 35 - 36 - 37 - 38 - 39 - 40 - 41 - 42 - 43 - 44 - 45 - 46 - 47 - 48
49 - 50 - 51 - 52 - 53 - 54 - 55 - 56 - 57 - 58 - 59 - 60 - 61 - 62 - 63 - 64
65 - 66 - 67 - 68 - 69 - 70 - 71 - 72 - 73 - 74 - 75 - 76 - 77 - 78 - 79 - 80
81 - 82 - 83 - 84 - 85 - 86 - 87 - 88 - 89 - 90 - 91 - 92 - 93 - 94 - 95 - 96
97 - 98 - 99 - 100 **Notes:** ______________________________

______________________________________________________

______________________________________________________

______________________________________________________

**Time Drills:** 1 - 2 - 3 - 4 - 5 - 6 - 7 - 8 - 9 - 10 - 11 - 12 - 13 - 14 - 15 - 16
17 - 18 - 19 - 20 - 21 - 22 - 23 - 24 - 25 - 26 - 27 - 28 - 29 - 30 - 31 - 32
33 - 34 - 35 - 36 - 37 - 38 - 39 - 40 - 41 - 42 - 43 - 44 - 45 - 46 - 47 - 48
49 - 50 - 51 - 52 - 53 - 54 - 55 - 56 - 57 - 58 - 59 - 60 - 61 - 62 - 63 - 64
65 - 66 - 67 - 68 - 69 - 70 - 71 - 72 - 73 - 74 - 75 - 76 - 77 - 78 - 79 - 80
81 - 82 - 83 - 84 - 85 - 86 - 87 - 88 - 89 - 90 - 91 - 92 - 93 - 94 - 95 - 96
97 - 98 - 99 - 100 **Notes:** ______________________________

______________________________________________________

______________________________________________________

______________________________________________________

**Time Drills:** 1 - 2 - 3 - 4 - 5 - 6 - 7 - 8 - 9 - 10 - 11 - 12 - 13 - 14 - 15 - 16
17 - 18 - 19 - 20 - 21 - 22 - 23 - 24 - 25 - 26 - 27 - 28 - 29 - 30 - 31 - 32
33 - 34 - 35 - 36 - 37 - 38 - 39 - 40 - 41 - 42 - 43 - 44 - 45 - 46 - 47 - 48
49 - 50 - 51 - 52 - 53 - 54 - 55 - 56 - 57 - 58 - 59 - 60 - 61 - 62 - 63 - 64
65 - 66 - 67 - 68 - 69 - 70 - 71 - 72 - 73 - 74 - 75 - 76 - 77 - 78 - 79 - 80
81 - 82 - 83 - 84 - 85 - 86 - 87 - 88 - 89 - 90 - 91 - 92 - 93 - 94 - 95 - 96
97 - 98 - 99 - 100 **Notes:** ______________________________

______________________________________________________

______________________________________________________

______________________________________ **End Date:** __________

**DRILL:**________________________________________

**No. of Targets:**_________ **Distance between Targets:**____________
**Target Used:**_______________ **Scoring Area:**_______________
**Distance from Shooter:**___________ **Rounds Required:**_________
**Shooting Position:**__________________________________
**Magazine Change: Yes - No - Multiple After How Many Rounds:**____
**Draw from Concealment: Yes - No Maximum Alloted Time:**_______
**Drill Specifics:** ____________________________________

**Holster Position:**___________ **Hand:** _____ **Start Date:** _______
**Spare Magazine Position:** __________ **Firearm:** ____________
**Cover Garment:** __________________________ **Caliber:** _____
**Notes:**__________________________________________

**Slow Drills:** 1 - 2 - 3 - 4 - 5 - 6 - 7 - 8 - 9 - 10 - 11 - 12 - 13 - 14 - 15 - 16
17 - 18 - 19 - 20 - 21 - 22 - 23 - 24 - 25 - 26 - 27 - 28 - 29 - 30 - 31 - 32
33 - 34 - 35 - 36 - 37 - 38 - 39 - 40 - 41 - 42 - 43 - 44 - 45 - 46 - 47 - 48
49 - 50 - 51 - 52 - 53 - 54 - 55 - 56 - 57 - 58 - 59 - 60 - 61 - 62 - 63 - 64
65 - 66 - 67 - 68 - 69 - 70 - 71 - 72 - 73 - 74 - 75 - 76 - 77 - 78 - 79 - 80
81 - 82 - 83 - 84 - 85 - 86 - 87 - 88 - 89 - 90 - 91 - 92 - 93 - 94 - 95 - 96
97 - 98 - 99 - 100 **Notes:** _________________________

**Time Drills:** 1 - 2 - 3 - 4 - 5 - 6 - 7 - 8 - 9 - 10 - 11 - 12 - 13 - 14 - 15 - 16
17 - 18 - 19 - 20 - 21 - 22 - 23 - 24 - 25 - 26 - 27 - 28 - 29 - 30 - 31 - 32
33 - 34 - 35 - 36 - 37 - 38 - 39 - 40 - 41 - 42 - 43 - 44 - 45 - 46 - 47 - 48
49 - 50 - 51 - 52 - 53 - 54 - 55 - 56 - 57 - 58 - 59 - 60 - 61 - 62 - 63 - 64
65 - 66 - 67 - 68 - 69 - 70 - 71 - 72 - 73 - 74 - 75 - 76 - 77 - 78 - 79 - 80
81 - 82 - 83 - 84 - 85 - 86 - 87 - 88 - 89 - 90 - 91 - 92 - 93 - 94 - 95 - 96
97 - 98 - 99 - 100 **Notes:** _________________________

**Time Drills:** 1 - 2 - 3 - 4 - 5 - 6 - 7 - 8 - 9 - 10 - 11 - 12 - 13 - 14 - 15 - 16
17 - 18 - 19 - 20 - 21 - 22 - 23 - 24 - 25 - 26 - 27 - 28 - 29 - 30 - 31 - 32
33 - 34 - 35 - 36 - 37 - 38 - 39 - 40 - 41 - 42 - 43 - 44 - 45 - 46 - 47 - 48
49 - 50 - 51 - 52 - 53 - 54 - 55 - 56 - 57 - 58 - 59 - 60 - 61 - 62 - 63 - 64
65 - 66 - 67 - 68 - 69 - 70 - 71 - 72 - 73 - 74 - 75 - 76 - 77 - 78 - 79 - 80
81 - 82 - 83 - 84 - 85 - 86 - 87 - 88 - 89 - 90 - 91 - 92 - 93 - 94 - 95 - 96
97 - 98 - 99 - 100 **Notes:** ______________________________

______________________________________________

______________________________________________

______________________________________________

**Time Drills:** 1 - 2 - 3 - 4 - 5 - 6 - 7 - 8 - 9 - 10 - 11 - 12 - 13 - 14 - 15 - 16
17 - 18 - 19 - 20 - 21 - 22 - 23 - 24 - 25 - 26 - 27 - 28 - 29 - 30 - 31 - 32
33 - 34 - 35 - 36 - 37 - 38 - 39 - 40 - 41 - 42 - 43 - 44 - 45 - 46 - 47 - 48
49 - 50 - 51 - 52 - 53 - 54 - 55 - 56 - 57 - 58 - 59 - 60 - 61 - 62 - 63 - 64
65 - 66 - 67 - 68 - 69 - 70 - 71 - 72 - 73 - 74 - 75 - 76 - 77 - 78 - 79 - 80
81 - 82 - 83 - 84 - 85 - 86 - 87 - 88 - 89 - 90 - 91 - 92 - 93 - 94 - 95 - 96
97 - 98 - 99 - 100 **Notes:** ______________________________

______________________________________________

______________________________________________

______________________________________________

**Time Drills:** 1 - 2 - 3 - 4 - 5 - 6 - 7 - 8 - 9 - 10 - 11 - 12 - 13 - 14 - 15 - 16
17 - 18 - 19 - 20 - 21 - 22 - 23 - 24 - 25 - 26 - 27 - 28 - 29 - 30 - 31 - 32
33 - 34 - 35 - 36 - 37 - 38 - 39 - 40 - 41 - 42 - 43 - 44 - 45 - 46 - 47 - 48
49 - 50 - 51 - 52 - 53 - 54 - 55 - 56 - 57 - 58 - 59 - 60 - 61 - 62 - 63 - 64
65 - 66 - 67 - 68 - 69 - 70 - 71 - 72 - 73 - 74 - 75 - 76 - 77 - 78 - 79 - 80
81 - 82 - 83 - 84 - 85 - 86 - 87 - 88 - 89 - 90 - 91 - 92 - 93 - 94 - 95 - 96
97 - 98 - 99 - 100 **Notes:** ______________________________

______________________________________________

______________________________________________

______________________________________________

**Time Drills:** 1 - 2 - 3 - 4 - 5 - 6 - 7 - 8 - 9 - 10 - 11 - 12 - 13 - 14 - 15 - 16
17 - 18 - 19 - 20 - 21 - 22 - 23 - 24 - 25 - 26 - 27 - 28 - 29 - 30 - 31 - 32
33 - 34 - 35 - 36 - 37 - 38 - 39 - 40 - 41 - 42 - 43 - 44 - 45 - 46 - 47 - 48
49 - 50 - 51 - 52 - 53 - 54 - 55 - 56 - 57 - 58 - 59 - 60 - 61 - 62 - 63 - 64
65 - 66 - 67 - 68 - 69 - 70 - 71 - 72 - 73 - 74 - 75 - 76 - 77 - 78 - 79 - 80
81 - 82 - 83 - 84 - 85 - 86 - 87 - 88 - 89 - 90 - 91 - 92 - 93 - 94 - 95 - 96
97 - 98 - 99 - 100 **Notes:** ______________________________

______________________________________________

______________________________________________

______________________________ **End Date:** ____________

**DRILL:**________________________________________

**No. of Targets:**_________ **Distance between Targets:**_______________
**Target Used:**__________________ **Scoring Area:**__________________
**Distance from Shooter:**_____________ **Rounds Required:**___________
**Shooting Position:**________________________________________
**Magazine Change: Yes - No - Multiple After How Many Rounds:**____
**Draw from Concealment: Yes - No Maximum Alloted Time:**________
**Drill Specifics:** ________________________________________

____________________________________________________________

____________________________________________________________

**Holster Position:**_____________ **Hand:** _____ **Start Date:** ________
**Spare Magazine Position:** ___________ **Firearm:** _________________
**Cover Garment:** ________________________________ **Caliber:** ______
**Notes:**_____________________________________________________

____________________________________________________________

____________________________________________________________

**Slow Drills:** 1 - 2 - 3 - 4 - 5 - 6 - 7 - 8 - 9 - 10 - 11 - 12 - 13 - 14 - 15 - 16
17 - 18 - 19 - 20 - 21 - 22 - 23 - 24 - 25 - 26 - 27 - 28 - 29 - 30 - 31 - 32
33 - 34 - 35 - 36 - 37 - 38 - 39 - 40 - 41 - 42 - 43 - 44 - 45 - 46 - 47 - 48
49 - 50 - 51 - 52 - 53 - 54 - 55 - 56 - 57 - 58 - 59 - 60 - 61 - 62 - 63 - 64
65 - 66 - 67 - 68 - 69 - 70 - 71 - 72 - 73 - 74 - 75 - 76 - 77 - 78 - 79 - 80
81 - 82 - 83 - 84 - 85 - 86 - 87 - 88 - 89 - 90 - 91 - 92 - 93 - 94 - 95 - 96
97 - 98 - 99 - 100 **Notes:** ________________________________

____________________________________________________________

____________________________________________________________

____________________________________________________________

**Time Drills:** 1 - 2 - 3 - 4 - 5 - 6 - 7 - 8 - 9 - 10 - 11 - 12 - 13 - 14 - 15 - 16
17 - 18 - 19 - 20 - 21 - 22 - 23 - 24 - 25 - 26 - 27 - 28 - 29 - 30 - 31 - 32
33 - 34 - 35 - 36 - 37 - 38 - 39 - 40 - 41 - 42 - 43 - 44 - 45 - 46 - 47 - 48
49 - 50 - 51 - 52 - 53 - 54 - 55 - 56 - 57 - 58 - 59 - 60 - 61 - 62 - 63 - 64
65 - 66 - 67 - 68 - 69 - 70 - 71 - 72 - 73 - 74 - 75 - 76 - 77 - 78 - 79 - 80
81 - 82 - 83 - 84 - 85 - 86 - 87 - 88 - 89 - 90 - 91 - 92 - 93 - 94 - 95 - 96
97 - 98 - 99 - 100 **Notes:** ________________________________

____________________________________________________________

____________________________________________________________

____________________________________________________________

**Time Drills:** 1 - 2 - 3 - 4 - 5 - 6 - 7 - 8 - 9 - 10 - 11 - 12 - 13 - 14 - 15 - 16
17 - 18 - 19 - 20 - 21 - 22 - 23 - 24 - 25 - 26 - 27 - 28 - 29 - 30 - 31 - 32
33 - 34 - 35 - 36 - 37 - 38 - 39 - 40 - 41 - 42 - 43 - 44 - 45 - 46 - 47 - 48
49 - 50 - 51 - 52 - 53 - 54 - 55 - 56 - 57 - 58 - 59 - 60 - 61 - 62 - 63 - 64
65 - 66 - 67 - 68 - 69 - 70 - 71 - 72 - 73 - 74 - 75 - 76 - 77 - 78 - 79 - 80
81 - 82 - 83 - 84 - 85 - 86 - 87 - 88 - 89 - 90 - 91 - 92 - 93 - 94 - 95 - 96
97 - 98 - 99 - 100 **Notes:** ______________________________

______________________________________________________

______________________________________________________

______________________________________________________

**Time Drills:** 1 - 2 - 3 - 4 - 5 - 6 - 7 - 8 - 9 - 10 - 11 - 12 - 13 - 14 - 15 - 16
17 - 18 - 19 - 20 - 21 - 22 - 23 - 24 - 25 - 26 - 27 - 28 - 29 - 30 - 31 - 32
33 - 34 - 35 - 36 - 37 - 38 - 39 - 40 - 41 - 42 - 43 - 44 - 45 - 46 - 47 - 48
49 - 50 - 51 - 52 - 53 - 54 - 55 - 56 - 57 - 58 - 59 - 60 - 61 - 62 - 63 - 64
65 - 66 - 67 - 68 - 69 - 70 - 71 - 72 - 73 - 74 - 75 - 76 - 77 - 78 - 79 - 80
81 - 82 - 83 - 84 - 85 - 86 - 87 - 88 - 89 - 90 - 91 - 92 - 93 - 94 - 95 - 96
97 - 98 - 99 - 100 **Notes:** ______________________________

______________________________________________________

______________________________________________________

______________________________________________________

**Time Drills:** 1 - 2 - 3 - 4 - 5 - 6 - 7 - 8 - 9 - 10 - 11 - 12 - 13 - 14 - 15 - 16
17 - 18 - 19 - 20 - 21 - 22 - 23 - 24 - 25 - 26 - 27 - 28 - 29 - 30 - 31 - 32
33 - 34 - 35 - 36 - 37 - 38 - 39 - 40 - 41 - 42 - 43 - 44 - 45 - 46 - 47 - 48
49 - 50 - 51 - 52 - 53 - 54 - 55 - 56 - 57 - 58 - 59 - 60 - 61 - 62 - 63 - 64
65 - 66 - 67 - 68 - 69 - 70 - 71 - 72 - 73 - 74 - 75 - 76 - 77 - 78 - 79 - 80
81 - 82 - 83 - 84 - 85 - 86 - 87 - 88 - 89 - 90 - 91 - 92 - 93 - 94 - 95 - 96
97 - 98 - 99 - 100 **Notes:** ______________________________

______________________________________________________

______________________________________________________

______________________________________________________

**Time Drills:** 1 - 2 - 3 - 4 - 5 - 6 - 7 - 8 - 9 - 10 - 11 - 12 - 13 - 14 - 15 - 16
17 - 18 - 19 - 20 - 21 - 22 - 23 - 24 - 25 - 26 - 27 - 28 - 29 - 30 - 31 - 32
33 - 34 - 35 - 36 - 37 - 38 - 39 - 40 - 41 - 42 - 43 - 44 - 45 - 46 - 47 - 48
49 - 50 - 51 - 52 - 53 - 54 - 55 - 56 - 57 - 58 - 59 - 60 - 61 - 62 - 63 - 64
65 - 66 - 67 - 68 - 69 - 70 - 71 - 72 - 73 - 74 - 75 - 76 - 77 - 78 - 79 - 80
81 - 82 - 83 - 84 - 85 - 86 - 87 - 88 - 89 - 90 - 91 - 92 - 93 - 94 - 95 - 96
97 - 98 - 99 - 100 **Notes:** ______________________________

______________________________________________________

______________________________________________________

________________________________________ **End Date:** ____________

**DRILL:**________________________________________

**No. of Targets:**_________ **Distance between Targets:**_______________
**Target Used:**__________________ **Scoring Area:**__________________
**Distance from Shooter:**_____________ **Rounds Required:**___________
**Shooting Position:**___________________________________________
**Magazine Change: Yes - No - Multiple After How Many Rounds:**____
**Draw from Concealment: Yes - No Maximum Alloted Time:**________
**Drill Specifics:** ________________________________________________

**Holster Position:**______________ **Hand:** ______ **Start Date:** ________
**Spare Magazine Position:** ____________ **Firearm:** __________________
**Cover Garment:** __________________________________ **Caliber:** ______
**Notes:**__________________________________________________________

**Slow Drills:** 1 - 2 - 3 - 4 - 5 - 6 - 7 - 8 - 9 - 10 - 11 - 12 - 13 - 14 - 15 - 16
17 - 18 - 19 - 20 - 21 - 22 - 23 - 24 - 25 - 26 - 27 - 28 - 29 - 30 - 31 - 32
33 - 34 - 35 - 36 - 37 - 38 - 39 - 40 - 41 - 42 - 43 - 44 - 45 - 46 - 47 - 48
49 - 50 - 51 - 52 - 53 - 54 - 55 - 56 - 57 - 58 - 59 - 60 - 61 - 62 - 63 - 64
65 - 66 - 67 - 68 - 69 - 70 - 71 - 72 - 73 - 74 - 75 - 76 - 77 - 78 - 79 - 80
81 - 82 - 83 - 84 - 85 - 86 - 87 - 88 - 89 - 90 - 91 - 92 - 93 - 94 - 95 - 96
97 - 98 - 99 - 100 **Notes:** __________________________________

**Time Drills:** 1 - 2 - 3 - 4 - 5 - 6 - 7 - 8 - 9 - 10 - 11 - 12 - 13 - 14 - 15 - 16
17 - 18 - 19 - 20 - 21 - 22 - 23 - 24 - 25 - 26 - 27 - 28 - 29 - 30 - 31 - 32
33 - 34 - 35 - 36 - 37 - 38 - 39 - 40 - 41 - 42 - 43 - 44 - 45 - 46 - 47 - 48
49 - 50 - 51 - 52 - 53 - 54 - 55 - 56 - 57 - 58 - 59 - 60 - 61 - 62 - 63 - 64
65 - 66 - 67 - 68 - 69 - 70 - 71 - 72 - 73 - 74 - 75 - 76 - 77 - 78 - 79 - 80
81 - 82 - 83 - 84 - 85 - 86 - 87 - 88 - 89 - 90 - 91 - 92 - 93 - 94 - 95 - 96
97 - 98 - 99 - 100 **Notes:** __________________________________

**Time Drills:** 1 - 2 - 3 - 4 - 5 - 6 - 7 - 8 - 9 - 10 - 11 - 12 - 13 - 14 - 15 - 16
17 - 18 - 19 - 20 - 21 - 22 - 23 - 24 - 25 - 26 - 27 - 28 - 29 - 30 - 31 - 32
33 - 34 - 35 - 36 - 37 - 38 - 39 - 40 - 41 - 42 - 43 - 44 - 45 - 46 - 47 - 48
49 - 50 - 51 - 52 - 53 - 54 - 55 - 56 - 57 - 58 - 59 - 60 - 61 - 62 - 63 - 64
65 - 66 - 67 - 68 - 69 - 70 - 71 - 72 - 73 - 74 - 75 - 76 - 77 - 78 - 79 - 80
81 - 82 - 83 - 84 - 85 - 86 - 87 - 88 - 89 - 90 - 91 - 92 - 93 - 94 - 95 - 96
97 - 98 - 99 - 100 **Notes:** ______________________________

**Time Drills:** 1 - 2 - 3 - 4 - 5 - 6 - 7 - 8 - 9 - 10 - 11 - 12 - 13 - 14 - 15 - 16
17 - 18 - 19 - 20 - 21 - 22 - 23 - 24 - 25 - 26 - 27 - 28 - 29 - 30 - 31 - 32
33 - 34 - 35 - 36 - 37 - 38 - 39 - 40 - 41 - 42 - 43 - 44 - 45 - 46 - 47 - 48
49 - 50 - 51 - 52 - 53 - 54 - 55 - 56 - 57 - 58 - 59 - 60 - 61 - 62 - 63 - 64
65 - 66 - 67 - 68 - 69 - 70 - 71 - 72 - 73 - 74 - 75 - 76 - 77 - 78 - 79 - 80
81 - 82 - 83 - 84 - 85 - 86 - 87 - 88 - 89 - 90 - 91 - 92 - 93 - 94 - 95 - 96
97 - 98 - 99 - 100 **Notes:** ______________________________

**Time Drills:** 1 - 2 - 3 - 4 - 5 - 6 - 7 - 8 - 9 - 10 - 11 - 12 - 13 - 14 - 15 - 16
17 - 18 - 19 - 20 - 21 - 22 - 23 - 24 - 25 - 26 - 27 - 28 - 29 - 30 - 31 - 32
33 - 34 - 35 - 36 - 37 - 38 - 39 - 40 - 41 - 42 - 43 - 44 - 45 - 46 - 47 - 48
49 - 50 - 51 - 52 - 53 - 54 - 55 - 56 - 57 - 58 - 59 - 60 - 61 - 62 - 63 - 64
65 - 66 - 67 - 68 - 69 - 70 - 71 - 72 - 73 - 74 - 75 - 76 - 77 - 78 - 79 - 80
81 - 82 - 83 - 84 - 85 - 86 - 87 - 88 - 89 - 90 - 91 - 92 - 93 - 94 - 95 - 96
97 - 98 - 99 - 100 **Notes:** ______________________________

**Time Drills:** 1 - 2 - 3 - 4 - 5 - 6 - 7 - 8 - 9 - 10 - 11 - 12 - 13 - 14 - 15 - 16
17 - 18 - 19 - 20 - 21 - 22 - 23 - 24 - 25 - 26 - 27 - 28 - 29 - 30 - 31 - 32
33 - 34 - 35 - 36 - 37 - 38 - 39 - 40 - 41 - 42 - 43 - 44 - 45 - 46 - 47 - 48
49 - 50 - 51 - 52 - 53 - 54 - 55 - 56 - 57 - 58 - 59 - 60 - 61 - 62 - 63 - 64
65 - 66 - 67 - 68 - 69 - 70 - 71 - 72 - 73 - 74 - 75 - 76 - 77 - 78 - 79 - 80
81 - 82 - 83 - 84 - 85 - 86 - 87 - 88 - 89 - 90 - 91 - 92 - 93 - 94 - 95 - 96
97 - 98 - 99 - 100 **Notes:** ______________________________

**End Date:** ____________

**DRILL:**________________________________________

**No. of Targets:**_________ **Distance between Targets:**_______________
**Target Used:**___________________ **Scoring Area:**__________________
**Distance from Shooter:**______________ **Rounds Required:**____________
**Shooting Position:**____________________________________________
**Magazine Change: Yes - No - Multiple After How Many Rounds:**____
**Draw from Concealment: Yes - No Maximum Alloted Time:**_________
**Drill Specifics:** ________________________________________________

**Holster Position:**______________ **Hand:** ______ **Start Date:** __________
**Spare Magazine Position:** ____________ **Firearm:** ___________________
**Cover Garment:** ___________________________________ **Caliber:** ______
**Notes:**_________________________________________________________

**Slow Drills:** 1 - 2 - 3 - 4 - 5 - 6 - 7 - 8 - 9 - 10 - 11 - 12 - 13 - 14 - 15 - 16
17 - 18 - 19 - 20 - 21 - 22 - 23 - 24 - 25 - 26 - 27 - 28 - 29 - 30 - 31 - 32
33 - 34 - 35 - 36 - 37 - 38 - 39 - 40 - 41 - 42 - 43 - 44 - 45 - 46 - 47 - 48
49 - 50 - 51 - 52 - 53 - 54 - 55 - 56 - 57 - 58 - 59 - 60 - 61 - 62 - 63 - 64
65 - 66 - 67 - 68 - 69 - 70 - 71 - 72 - 73 - 74 - 75 - 76 - 77 - 78 - 79 - 80
81 - 82 - 83 - 84 - 85 - 86 - 87 - 88 - 89 - 90 - 91 - 92 - 93 - 94 - 95 - 96
97 - 98 - 99 - 100 **Notes:** ___________________________________

**Time Drills:** 1 - 2 - 3 - 4 - 5 - 6 - 7 - 8 - 9 - 10 - 11 - 12 - 13 - 14 - 15 - 16
17 - 18 - 19 - 20 - 21 - 22 - 23 - 24 - 25 - 26 - 27 - 28 - 29 - 30 - 31 - 32
33 - 34 - 35 - 36 - 37 - 38 - 39 - 40 - 41 - 42 - 43 - 44 - 45 - 46 - 47 - 48
49 - 50 - 51 - 52 - 53 - 54 - 55 - 56 - 57 - 58 - 59 - 60 - 61 - 62 - 63 - 64
65 - 66 - 67 - 68 - 69 - 70 - 71 - 72 - 73 - 74 - 75 - 76 - 77 - 78 - 79 - 80
81 - 82 - 83 - 84 - 85 - 86 - 87 - 88 - 89 - 90 - 91 - 92 - 93 - 94 - 95 - 96
97 - 98 - 99 - 100 **Notes:** ___________________________________

**Time Drills:** 1 - 2 - 3 - 4 - 5 - 6 - 7 - 8 - 9 - 10 - 11 - 12 - 13 - 14 - 15 - 16
17 - 18 - 19 - 20 - 21 - 22 - 23 - 24 - 25 - 26 - 27 - 28 - 29 - 30 - 31 - 32
33 - 34 - 35 - 36 - 37 - 38 - 39 - 40 - 41 - 42 - 43 - 44 - 45 - 46 - 47 - 48
49 - 50 - 51 - 52 - 53 - 54 - 55 - 56 - 57 - 58 - 59 - 60 - 61 - 62 - 63 - 64
65 - 66 - 67 - 68 - 69 - 70 - 71 - 72 - 73 - 74 - 75 - 76 - 77 - 78 - 79 - 80
81 - 82 - 83 - 84 - 85 - 86 - 87 - 88 - 89 - 90 - 91 - 92 - 93 - 94 - 95 - 96
97 - 98 - 99 - 100 **Notes:** ______________________________

______________________________________________________

______________________________________________________

______________________________________________________

**Time Drills:** 1 - 2 - 3 - 4 - 5 - 6 - 7 - 8 - 9 - 10 - 11 - 12 - 13 - 14 - 15 - 16
17 - 18 - 19 - 20 - 21 - 22 - 23 - 24 - 25 - 26 - 27 - 28 - 29 - 30 - 31 - 32
33 - 34 - 35 - 36 - 37 - 38 - 39 - 40 - 41 - 42 - 43 - 44 - 45 - 46 - 47 - 48
49 - 50 - 51 - 52 - 53 - 54 - 55 - 56 - 57 - 58 - 59 - 60 - 61 - 62 - 63 - 64
65 - 66 - 67 - 68 - 69 - 70 - 71 - 72 - 73 - 74 - 75 - 76 - 77 - 78 - 79 - 80
81 - 82 - 83 - 84 - 85 - 86 - 87 - 88 - 89 - 90 - 91 - 92 - 93 - 94 - 95 - 96
97 - 98 - 99 - 100 **Notes:** ______________________________

______________________________________________________

______________________________________________________

______________________________________________________

**Time Drills:** 1 - 2 - 3 - 4 - 5 - 6 - 7 - 8 - 9 - 10 - 11 - 12 - 13 - 14 - 15 - 16
17 - 18 - 19 - 20 - 21 - 22 - 23 - 24 - 25 - 26 - 27 - 28 - 29 - 30 - 31 - 32
33 - 34 - 35 - 36 - 37 - 38 - 39 - 40 - 41 - 42 - 43 - 44 - 45 - 46 - 47 - 48
49 - 50 - 51 - 52 - 53 - 54 - 55 - 56 - 57 - 58 - 59 - 60 - 61 - 62 - 63 - 64
65 - 66 - 67 - 68 - 69 - 70 - 71 - 72 - 73 - 74 - 75 - 76 - 77 - 78 - 79 - 80
81 - 82 - 83 - 84 - 85 - 86 - 87 - 88 - 89 - 90 - 91 - 92 - 93 - 94 - 95 - 96
97 - 98 - 99 - 100 **Notes:** ______________________________

______________________________________________________

______________________________________________________

______________________________________________________

**Time Drills:** 1 - 2 - 3 - 4 - 5 - 6 - 7 - 8 - 9 - 10 - 11 - 12 - 13 - 14 - 15 - 16
17 - 18 - 19 - 20 - 21 - 22 - 23 - 24 - 25 - 26 - 27 - 28 - 29 - 30 - 31 - 32
33 - 34 - 35 - 36 - 37 - 38 - 39 - 40 - 41 - 42 - 43 - 44 - 45 - 46 - 47 - 48
49 - 50 - 51 - 52 - 53 - 54 - 55 - 56 - 57 - 58 - 59 - 60 - 61 - 62 - 63 - 64
65 - 66 - 67 - 68 - 69 - 70 - 71 - 72 - 73 - 74 - 75 - 76 - 77 - 78 - 79 - 80
81 - 82 - 83 - 84 - 85 - 86 - 87 - 88 - 89 - 90 - 91 - 92 - 93 - 94 - 95 - 96
97 - 98 - 99 - 100 **Notes:** ______________________________

______________________________________________________

______________________________________________________

_________________________________ **End Date:** ____________

**DRILL:**________________________________________________

**No. of Targets:**_________ **Distance between Targets:**_______________
**Target Used:**__________________ **Scoring Area:**__________________
**Distance from Shooter:**_____________ **Rounds Required:**___________
**Shooting Position:**__________________________________________
**Magazine Change: Yes - No - Multiple After How Many Rounds:**____
**Draw from Concealment: Yes - No Maximum Alloted Time:**________
**Drill Specifics:** _____________________________________________

____________________________________________________________

____________________________________________________________

**Holster Position:**_____________ **Hand:** ______ **Start Date:** _________
**Spare Magazine Position:** ___________ **Firearm:** _________________
**Cover Garment:** ________________________________ **Caliber:** ______
**Notes:**______________________________________________________

____________________________________________________________

____________________________________________________________

**Slow Drills:** 1 - 2 - 3 - 4 - 5 - 6 - 7 - 8 - 9 - 10 - 11 - 12 - 13 - 14 - 15 - 16
17 - 18 - 19 - 20 - 21 - 22 - 23 - 24 - 25 - 26 - 27 - 28 - 29 - 30 - 31 - 32
33 - 34 - 35 - 36 - 37 - 38 - 39 - 40 - 41 - 42 - 43 - 44 - 45 - 46 - 47 - 48
49 - 50 - 51 - 52 - 53 - 54 - 55 - 56 - 57 - 58 - 59 - 60 - 61 - 62 - 63 - 64
65 - 66 - 67 - 68 - 69 - 70 - 71 - 72 - 73 - 74 - 75 - 76 - 77 - 78 - 79 - 80
81 - 82 - 83 - 84 - 85 - 86 - 87 - 88 - 89 - 90 - 91 - 92 - 93 - 94 - 95 - 96
97 - 98 - 99 - 100 **Notes:** _____________________________________

____________________________________________________________

____________________________________________________________

____________________________________________________________

**Time Drills:** 1 - 2 - 3 - 4 - 5 - 6 - 7 - 8 - 9 - 10 - 11 - 12 - 13 - 14 - 15 - 16
17 - 18 - 19 - 20 - 21 - 22 - 23 - 24 - 25 - 26 - 27 - 28 - 29 - 30 - 31 - 32
33 - 34 - 35 - 36 - 37 - 38 - 39 - 40 - 41 - 42 - 43 - 44 - 45 - 46 - 47 - 48
49 - 50 - 51 - 52 - 53 - 54 - 55 - 56 - 57 - 58 - 59 - 60 - 61 - 62 - 63 - 64
65 - 66 - 67 - 68 - 69 - 70 - 71 - 72 - 73 - 74 - 75 - 76 - 77 - 78 - 79 - 80
81 - 82 - 83 - 84 - 85 - 86 - 87 - 88 - 89 - 90 - 91 - 92 - 93 - 94 - 95 - 96
97 - 98 - 99 - 100 **Notes:** _____________________________________

____________________________________________________________

____________________________________________________________

____________________________________________________________

**Time Drills:** 1 - 2 - 3 - 4 - 5 - 6 - 7 - 8 - 9 - 10 - 11 - 12 - 13 - 14 - 15 - 16
17 - 18 - 19 - 20 - 21 - 22 - 23 - 24 - 25 - 26 - 27 - 28 - 29 - 30 - 31 - 32
33 - 34 - 35 - 36 - 37 - 38 - 39 - 40 - 41 - 42 - 43 - 44 - 45 - 46 - 47 - 48
49 - 50 - 51 - 52 - 53 - 54 - 55 - 56 - 57 - 58 - 59 - 60 - 61 - 62 - 63 - 64
65 - 66 - 67 - 68 - 69 - 70 - 71 - 72 - 73 - 74 - 75 - 76 - 77 - 78 - 79 - 80
81 - 82 - 83 - 84 - 85 - 86 - 87 - 88 - 89 - 90 - 91 - 92 - 93 - 94 - 95 - 96
97 - 98 - 99 - 100 **Notes:** ____________________

**Time Drills:** 1 - 2 - 3 - 4 - 5 - 6 - 7 - 8 - 9 - 10 - 11 - 12 - 13 - 14 - 15 - 16
17 - 18 - 19 - 20 - 21 - 22 - 23 - 24 - 25 - 26 - 27 - 28 - 29 - 30 - 31 - 32
33 - 34 - 35 - 36 - 37 - 38 - 39 - 40 - 41 - 42 - 43 - 44 - 45 - 46 - 47 - 48
49 - 50 - 51 - 52 - 53 - 54 - 55 - 56 - 57 - 58 - 59 - 60 - 61 - 62 - 63 - 64
65 - 66 - 67 - 68 - 69 - 70 - 71 - 72 - 73 - 74 - 75 - 76 - 77 - 78 - 79 - 80
81 - 82 - 83 - 84 - 85 - 86 - 87 - 88 - 89 - 90 - 91 - 92 - 93 - 94 - 95 - 96
97 - 98 - 99 - 100 **Notes:** ____________________

**Time Drills:** 1 - 2 - 3 - 4 - 5 - 6 - 7 - 8 - 9 - 10 - 11 - 12 - 13 - 14 - 15 - 16
17 - 18 - 19 - 20 - 21 - 22 - 23 - 24 - 25 - 26 - 27 - 28 - 29 - 30 - 31 - 32
33 - 34 - 35 - 36 - 37 - 38 - 39 - 40 - 41 - 42 - 43 - 44 - 45 - 46 - 47 - 48
49 - 50 - 51 - 52 - 53 - 54 - 55 - 56 - 57 - 58 - 59 - 60 - 61 - 62 - 63 - 64
65 - 66 - 67 - 68 - 69 - 70 - 71 - 72 - 73 - 74 - 75 - 76 - 77 - 78 - 79 - 80
81 - 82 - 83 - 84 - 85 - 86 - 87 - 88 - 89 - 90 - 91 - 92 - 93 - 94 - 95 - 96
97 - 98 - 99 - 100 **Notes:** ____________________

**Time Drills:** 1 - 2 - 3 - 4 - 5 - 6 - 7 - 8 - 9 - 10 - 11 - 12 - 13 - 14 - 15 - 16
17 - 18 - 19 - 20 - 21 - 22 - 23 - 24 - 25 - 26 - 27 - 28 - 29 - 30 - 31 - 32
33 - 34 - 35 - 36 - 37 - 38 - 39 - 40 - 41 - 42 - 43 - 44 - 45 - 46 - 47 - 48
49 - 50 - 51 - 52 - 53 - 54 - 55 - 56 - 57 - 58 - 59 - 60 - 61 - 62 - 63 - 64
65 - 66 - 67 - 68 - 69 - 70 - 71 - 72 - 73 - 74 - 75 - 76 - 77 - 78 - 79 - 80
81 - 82 - 83 - 84 - 85 - 86 - 87 - 88 - 89 - 90 - 91 - 92 - 93 - 94 - 95 - 96
97 - 98 - 99 - 100 **Notes:** ____________________

**End Date:** ____________

**DRILL:**______________________________________________

**No. of Targets:**_________ **Distance between Targets:**______________
**Target Used:**__________________ **Scoring Area:**__________________
**Distance from Shooter:**_____________ **Rounds Required:**__________
**Shooting Position:**______________________________________________
**Magazine Change: Yes - No - Multiple  After How Many Rounds:**____
**Draw from Concealment: Yes - No  Maximum Alloted Time:**________
**Drill Specifics:** ______________________________________________

___________________________________________________________

___________________________________________________________

**Holster Position:**_____________ **Hand:** ______ **Start Date:** ________
**Spare Magazine Position:** ___________ **Firearm:** ________________
**Cover Garment:** ________________________________ **Caliber:** ______
**Notes:**_________________________________________________

___________________________________________________________

___________________________________________________________

**Slow Drills:** 1 - 2 - 3 - 4 - 5 - 6 - 7 - 8 - 9 - 10 - 11 - 12 - 13 - 14 - 15 - 16
17 - 18 - 19 - 20 - 21 - 22 - 23 - 24 - 25 - 26 - 27 - 28 - 29 - 30 - 31 - 32
33 - 34 - 35 - 36 - 37 - 38 - 39 - 40 - 41 - 42 - 43 - 44 - 45 - 46 - 47 - 48
49 - 50 - 51 - 52 - 53 - 54 - 55 - 56 - 57 - 58 - 59 - 60 - 61 - 62 - 63 - 64
65 - 66 - 67 - 68 - 69 - 70 - 71 - 72 - 73 - 74 - 75 - 76 - 77 - 78 - 79 - 80
81 - 82 - 83 - 84 - 85 - 86 - 87 - 88 - 89 - 90 - 91 - 92 - 93 - 94 - 95 - 96
97 - 98 - 99 - 100 **Notes:** ___________________________________

___________________________________________________________

___________________________________________________________

___________________________________________________________

**Time Drills:** 1 - 2 - 3 - 4 - 5 - 6 - 7 - 8 - 9 - 10 - 11 - 12 - 13 - 14 - 15 - 16
17 - 18 - 19 - 20 - 21 - 22 - 23 - 24 - 25 - 26 - 27 - 28 - 29 - 30 - 31 - 32
33 - 34 - 35 - 36 - 37 - 38 - 39 - 40 - 41 - 42 - 43 - 44 - 45 - 46 - 47 - 48
49 - 50 - 51 - 52 - 53 - 54 - 55 - 56 - 57 - 58 - 59 - 60 - 61 - 62 - 63 - 64
65 - 66 - 67 - 68 - 69 - 70 - 71 - 72 - 73 - 74 - 75 - 76 - 77 - 78 - 79 - 80
81 - 82 - 83 - 84 - 85 - 86 - 87 - 88 - 89 - 90 - 91 - 92 - 93 - 94 - 95 - 96
97 - 98 - 99 - 100 **Notes:** ___________________________________

___________________________________________________________

___________________________________________________________

___________________________________________________________

**Time Drills:** 1 - 2 - 3 - 4 - 5 - 6 - 7 - 8 - 9 - 10 - 11 - 12 - 13 - 14 - 15 - 16
17 - 18 - 19 - 20 - 21 - 22 - 23 - 24 - 25 - 26 - 27 - 28 - 29 - 30 - 31 - 32
33 - 34 - 35 - 36 - 37 - 38 - 39 - 40 - 41 - 42 - 43 - 44 - 45 - 46 - 47 - 48
49 - 50 - 51 - 52 - 53 - 54 - 55 - 56 - 57 - 58 - 59 - 60 - 61 - 62 - 63 - 64
65 - 66 - 67 - 68 - 69 - 70 - 71 - 72 - 73 - 74 - 75 - 76 - 77 - 78 - 79 - 80
81 - 82 - 83 - 84 - 85 - 86 - 87 - 88 - 89 - 90 - 91 - 92 - 93 - 94 - 95 - 96
97 - 98 - 99 - 100 **Notes:** ______________________________

______________________________________________

______________________________________________

______________________________________________

**Time Drills:** 1 - 2 - 3 - 4 - 5 - 6 - 7 - 8 - 9 - 10 - 11 - 12 - 13 - 14 - 15 - 16
17 - 18 - 19 - 20 - 21 - 22 - 23 - 24 - 25 - 26 - 27 - 28 - 29 - 30 - 31 - 32
33 - 34 - 35 - 36 - 37 - 38 - 39 - 40 - 41 - 42 - 43 - 44 - 45 - 46 - 47 - 48
49 - 50 - 51 - 52 - 53 - 54 - 55 - 56 - 57 - 58 - 59 - 60 - 61 - 62 - 63 - 64
65 - 66 - 67 - 68 - 69 - 70 - 71 - 72 - 73 - 74 - 75 - 76 - 77 - 78 - 79 - 80
81 - 82 - 83 - 84 - 85 - 86 - 87 - 88 - 89 - 90 - 91 - 92 - 93 - 94 - 95 - 96
97 - 98 - 99 - 100 **Notes:** ______________________________

______________________________________________

______________________________________________

______________________________________________

**Time Drills:** 1 - 2 - 3 - 4 - 5 - 6 - 7 - 8 - 9 - 10 - 11 - 12 - 13 - 14 - 15 - 16
17 - 18 - 19 - 20 - 21 - 22 - 23 - 24 - 25 - 26 - 27 - 28 - 29 - 30 - 31 - 32
33 - 34 - 35 - 36 - 37 - 38 - 39 - 40 - 41 - 42 - 43 - 44 - 45 - 46 - 47 - 48
49 - 50 - 51 - 52 - 53 - 54 - 55 - 56 - 57 - 58 - 59 - 60 - 61 - 62 - 63 - 64
65 - 66 - 67 - 68 - 69 - 70 - 71 - 72 - 73 - 74 - 75 - 76 - 77 - 78 - 79 - 80
81 - 82 - 83 - 84 - 85 - 86 - 87 - 88 - 89 - 90 - 91 - 92 - 93 - 94 - 95 - 96
97 - 98 - 99 - 100 **Notes:** ______________________________

______________________________________________

______________________________________________

______________________________________________

**Time Drills:** 1 - 2 - 3 - 4 - 5 - 6 - 7 - 8 - 9 - 10 - 11 - 12 - 13 - 14 - 15 - 16
17 - 18 - 19 - 20 - 21 - 22 - 23 - 24 - 25 - 26 - 27 - 28 - 29 - 30 - 31 - 32
33 - 34 - 35 - 36 - 37 - 38 - 39 - 40 - 41 - 42 - 43 - 44 - 45 - 46 - 47 - 48
49 - 50 - 51 - 52 - 53 - 54 - 55 - 56 - 57 - 58 - 59 - 60 - 61 - 62 - 63 - 64
65 - 66 - 67 - 68 - 69 - 70 - 71 - 72 - 73 - 74 - 75 - 76 - 77 - 78 - 79 - 80
81 - 82 - 83 - 84 - 85 - 86 - 87 - 88 - 89 - 90 - 91 - 92 - 93 - 94 - 95 - 96
97 - 98 - 99 - 100 **Notes:** ______________________________

______________________________________________

______________________________________________

________________________________ **End Date:** __________

**DRILL:**______________________________________________________

**No. of Targets:**__________ **Distance between Targets:**________________
**Target Used:**____________________ **Scoring Area:**____________________
**Distance from Shooter:**_______________ **Rounds Required:**____________
**Shooting Position:**____________________________________________________
**Magazine Change: Yes - No - Multiple After How Many Rounds:**____
**Draw from Concealment: Yes - No Maximum Alloted Time:**_________
**Drill Specifics:** __________________________________________________________

______________________________________________________________________

______________________________________________________________________

**Holster Position:**_______________ **Hand:** _______ **Start Date:** __________
**Spare Magazine Position:** _____________ **Firearm:** ______________________
**Cover Garment:** ______________________________________ **Caliber:** _______
**Notes:**_______________________________________________________________

______________________________________________________________________

______________________________________________________________________

**Slow Drills:** 1 - 2 - 3 - 4 - 5 - 6 - 7 - 8 - 9 - 10 - 11 - 12 - 13 - 14 - 15 - 16
17 - 18 - 19 - 20 - 21 - 22 - 23 - 24 - 25 - 26 - 27 - 28 - 29 - 30 - 31 - 32
33 - 34 - 35 - 36 - 37 - 38 - 39 - 40 - 41 - 42 - 43 - 44 - 45 - 46 - 47 - 48
49 - 50 - 51 - 52 - 53 - 54 - 55 - 56 - 57 - 58 - 59 - 60 - 61 - 62 - 63 - 64
65 - 66 - 67 - 68 - 69 - 70 - 71 - 72 - 73 - 74 - 75 - 76 - 77 - 78 - 79 - 80
81 - 82 - 83 - 84 - 85 - 86 - 87 - 88 - 89 - 90 - 91 - 92 - 93 - 94 - 95 - 96
97 - 98 - 99 - 100 **Notes:** ________________________________________

______________________________________________________________________

______________________________________________________________________

______________________________________________________________________

**Time Drills:** 1 - 2 - 3 - 4 - 5 - 6 - 7 - 8 - 9 - 10 - 11 - 12 - 13 - 14 - 15 - 16
17 - 18 - 19 - 20 - 21 - 22 - 23 - 24 - 25 - 26 - 27 - 28 - 29 - 30 - 31 - 32
33 - 34 - 35 - 36 - 37 - 38 - 39 - 40 - 41 - 42 - 43 - 44 - 45 - 46 - 47 - 48
49 - 50 - 51 - 52 - 53 - 54 - 55 - 56 - 57 - 58 - 59 - 60 - 61 - 62 - 63 - 64
65 - 66 - 67 - 68 - 69 - 70 - 71 - 72 - 73 - 74 - 75 - 76 - 77 - 78 - 79 - 80
81 - 82 - 83 - 84 - 85 - 86 - 87 - 88 - 89 - 90 - 91 - 92 - 93 - 94 - 95 - 96
97 - 98 - 99 - 100 **Notes:** ________________________________________

______________________________________________________________________

______________________________________________________________________

______________________________________________________________________

**Time Drills:** 1 - 2 - 3 - 4 - 5 - 6 - 7 - 8 - 9 - 10 - 11 - 12 - 13 - 14 - 15 - 16
17 - 18 - 19 - 20 - 21 - 22 - 23 - 24 - 25 - 26 - 27 - 28 - 29 - 30 - 31 - 32
33 - 34 - 35 - 36 - 37 - 38 - 39 - 40 - 41 - 42 - 43 - 44 - 45 - 46 - 47 - 48
49 - 50 - 51 - 52 - 53 - 54 - 55 - 56 - 57 - 58 - 59 - 60 - 61 - 62 - 63 - 64
65 - 66 - 67 - 68 - 69 - 70 - 71 - 72 - 73 - 74 - 75 - 76 - 77 - 78 - 79 - 80
81 - 82 - 83 - 84 - 85 - 86 - 87 - 88 - 89 - 90 - 91 - 92 - 93 - 94 - 95 - 96
97 - 98 - 99 - 100 **Notes:** ______________________________

______________________________________________

______________________________________________

______________________________________________

**Time Drills:** 1 - 2 - 3 - 4 - 5 - 6 - 7 - 8 - 9 - 10 - 11 - 12 - 13 - 14 - 15 - 16
17 - 18 - 19 - 20 - 21 - 22 - 23 - 24 - 25 - 26 - 27 - 28 - 29 - 30 - 31 - 32
33 - 34 - 35 - 36 - 37 - 38 - 39 - 40 - 41 - 42 - 43 - 44 - 45 - 46 - 47 - 48
49 - 50 - 51 - 52 - 53 - 54 - 55 - 56 - 57 - 58 - 59 - 60 - 61 - 62 - 63 - 64
65 - 66 - 67 - 68 - 69 - 70 - 71 - 72 - 73 - 74 - 75 - 76 - 77 - 78 - 79 - 80
81 - 82 - 83 - 84 - 85 - 86 - 87 - 88 - 89 - 90 - 91 - 92 - 93 - 94 - 95 - 96
97 - 98 - 99 - 100 **Notes:** ______________________________

______________________________________________

______________________________________________

______________________________________________

**Time Drills:** 1 - 2 - 3 - 4 - 5 - 6 - 7 - 8 - 9 - 10 - 11 - 12 - 13 - 14 - 15 - 16
17 - 18 - 19 - 20 - 21 - 22 - 23 - 24 - 25 - 26 - 27 - 28 - 29 - 30 - 31 - 32
33 - 34 - 35 - 36 - 37 - 38 - 39 - 40 - 41 - 42 - 43 - 44 - 45 - 46 - 47 - 48
49 - 50 - 51 - 52 - 53 - 54 - 55 - 56 - 57 - 58 - 59 - 60 - 61 - 62 - 63 - 64
65 - 66 - 67 - 68 - 69 - 70 - 71 - 72 - 73 - 74 - 75 - 76 - 77 - 78 - 79 - 80
81 - 82 - 83 - 84 - 85 - 86 - 87 - 88 - 89 - 90 - 91 - 92 - 93 - 94 - 95 - 96
97 - 98 - 99 - 100 **Notes:** ______________________________

______________________________________________

______________________________________________

______________________________________________

**Time Drills:** 1 - 2 - 3 - 4 - 5 - 6 - 7 - 8 - 9 - 10 - 11 - 12 - 13 - 14 - 15 - 16
17 - 18 - 19 - 20 - 21 - 22 - 23 - 24 - 25 - 26 - 27 - 28 - 29 - 30 - 31 - 32
33 - 34 - 35 - 36 - 37 - 38 - 39 - 40 - 41 - 42 - 43 - 44 - 45 - 46 - 47 - 48
49 - 50 - 51 - 52 - 53 - 54 - 55 - 56 - 57 - 58 - 59 - 60 - 61 - 62 - 63 - 64
65 - 66 - 67 - 68 - 69 - 70 - 71 - 72 - 73 - 74 - 75 - 76 - 77 - 78 - 79 - 80
81 - 82 - 83 - 84 - 85 - 86 - 87 - 88 - 89 - 90 - 91 - 92 - 93 - 94 - 95 - 96
97 - 98 - 99 - 100 **Notes:** ______________________________

______________________________________________

______________________________________________

______________________________ **End Date:** __________

**DRILL:**____________________________________________

**No. of Targets:**__________ **Distance between Targets:**_______________
**Target Used:**____________________ **Scoring Area:**____________________
**Distance from Shooter:**_______________ **Rounds Required:**____________
**Shooting Position:**_________________________________________
**Magazine Change: Yes - No - Multiple After How Many Rounds:**____
**Draw from Concealment: Yes - No Maximum Alloted Time:**_________
**Drill Specifics:** _________________________________________

**Holster Position:**_______________ **Hand:** ______ **Start Date:** __________
**Spare Magazine Position:** _____________ **Firearm:** __________________
**Cover Garment:** ____________________________________ **Caliber:** ______
**Notes:**__________________________________________________

**Slow Drills:** 1 - 2 - 3 - 4 - 5 - 6 - 7 - 8 - 9 - 10 - 11 - 12 - 13 - 14 - 15 - 16
17 - 18 - 19 - 20 - 21 - 22 - 23 - 24 - 25 - 26 - 27 - 28 - 29 - 30 - 31 - 32
33 - 34 - 35 - 36 - 37 - 38 - 39 - 40 - 41 - 42 - 43 - 44 - 45 - 46 - 47 - 48
49 - 50 - 51 - 52 - 53 - 54 - 55 - 56 - 57 - 58 - 59 - 60 - 61 - 62 - 63 - 64
65 - 66 - 67 - 68 - 69 - 70 - 71 - 72 - 73 - 74 - 75 - 76 - 77 - 78 - 79 - 80
81 - 82 - 83 - 84 - 85 - 86 - 87 - 88 - 89 - 90 - 91 - 92 - 93 - 94 - 95 - 96
97 - 98 - 99 - 100 **Notes:** ________________________________

**Time Drills:** 1 - 2 - 3 - 4 - 5 - 6 - 7 - 8 - 9 - 10 - 11 - 12 - 13 - 14 - 15 - 16
17 - 18 - 19 - 20 - 21 - 22 - 23 - 24 - 25 - 26 - 27 - 28 - 29 - 30 - 31 - 32
33 - 34 - 35 - 36 - 37 - 38 - 39 - 40 - 41 - 42 - 43 - 44 - 45 - 46 - 47 - 48
49 - 50 - 51 - 52 - 53 - 54 - 55 - 56 - 57 - 58 - 59 - 60 - 61 - 62 - 63 - 64
65 - 66 - 67 - 68 - 69 - 70 - 71 - 72 - 73 - 74 - 75 - 76 - 77 - 78 - 79 - 80
81 - 82 - 83 - 84 - 85 - 86 - 87 - 88 - 89 - 90 - 91 - 92 - 93 - 94 - 95 - 96
97 - 98 - 99 - 100 **Notes:** ________________________________

**Time Drills:** 1 - 2 - 3 - 4 - 5 - 6 - 7 - 8 - 9 - 10 - 11 - 12 - 13 - 14 - 15 - 16
17 - 18 - 19 - 20 - 21 - 22 - 23 - 24 - 25 - 26 - 27 - 28 - 29 - 30 - 31 - 32
33 - 34 - 35 - 36 - 37 - 38 - 39 - 40 - 41 - 42 - 43 - 44 - 45 - 46 - 47 - 48
49 - 50 - 51 - 52 - 53 - 54 - 55 - 56 - 57 - 58 - 59 - 60 - 61 - 62 - 63 - 64
65 - 66 - 67 - 68 - 69 - 70 - 71 - 72 - 73 - 74 - 75 - 76 - 77 - 78 - 79 - 80
81 - 82 - 83 - 84 - 85 - 86 - 87 - 88 - 89 - 90 - 91 - 92 - 93 - 94 - 95 - 96
97 - 98 - 99 - 100 **Notes:** ______________________________

**Time Drills:** 1 - 2 - 3 - 4 - 5 - 6 - 7 - 8 - 9 - 10 - 11 - 12 - 13 - 14 - 15 - 16
17 - 18 - 19 - 20 - 21 - 22 - 23 - 24 - 25 - 26 - 27 - 28 - 29 - 30 - 31 - 32
33 - 34 - 35 - 36 - 37 - 38 - 39 - 40 - 41 - 42 - 43 - 44 - 45 - 46 - 47 - 48
49 - 50 - 51 - 52 - 53 - 54 - 55 - 56 - 57 - 58 - 59 - 60 - 61 - 62 - 63 - 64
65 - 66 - 67 - 68 - 69 - 70 - 71 - 72 - 73 - 74 - 75 - 76 - 77 - 78 - 79 - 80
81 - 82 - 83 - 84 - 85 - 86 - 87 - 88 - 89 - 90 - 91 - 92 - 93 - 94 - 95 - 96
97 - 98 - 99 - 100 **Notes:** ______________________________

**Time Drills:** 1 - 2 - 3 - 4 - 5 - 6 - 7 - 8 - 9 - 10 - 11 - 12 - 13 - 14 - 15 - 16
17 - 18 - 19 - 20 - 21 - 22 - 23 - 24 - 25 - 26 - 27 - 28 - 29 - 30 - 31 - 32
33 - 34 - 35 - 36 - 37 - 38 - 39 - 40 - 41 - 42 - 43 - 44 - 45 - 46 - 47 - 48
49 - 50 - 51 - 52 - 53 - 54 - 55 - 56 - 57 - 58 - 59 - 60 - 61 - 62 - 63 - 64
65 - 66 - 67 - 68 - 69 - 70 - 71 - 72 - 73 - 74 - 75 - 76 - 77 - 78 - 79 - 80
81 - 82 - 83 - 84 - 85 - 86 - 87 - 88 - 89 - 90 - 91 - 92 - 93 - 94 - 95 - 96
97 - 98 - 99 - 100 **Notes:** ______________________________

**Time Drills:** 1 - 2 - 3 - 4 - 5 - 6 - 7 - 8 - 9 - 10 - 11 - 12 - 13 - 14 - 15 - 16
17 - 18 - 19 - 20 - 21 - 22 - 23 - 24 - 25 - 26 - 27 - 28 - 29 - 30 - 31 - 32
33 - 34 - 35 - 36 - 37 - 38 - 39 - 40 - 41 - 42 - 43 - 44 - 45 - 46 - 47 - 48
49 - 50 - 51 - 52 - 53 - 54 - 55 - 56 - 57 - 58 - 59 - 60 - 61 - 62 - 63 - 64
65 - 66 - 67 - 68 - 69 - 70 - 71 - 72 - 73 - 74 - 75 - 76 - 77 - 78 - 79 - 80
81 - 82 - 83 - 84 - 85 - 86 - 87 - 88 - 89 - 90 - 91 - 92 - 93 - 94 - 95 - 96
97 - 98 - 99 - 100 **Notes:** ______________________________

**End Date:** __________

**DRILL:**________________________________________

**No. of Targets:**_________ **Distance between Targets:**_______________
**Target Used:**__________________ **Scoring Area:**__________________
**Distance from Shooter:**_____________ **Rounds Required:**___________
**Shooting Position:**____________________________________________
**Magazine Change: Yes - No - Multiple After How Many Rounds:**____
**Draw from Concealment: Yes - No Maximum Alloted Time:**________
**Drill Specifics:** ______________________________________________________________________________________________________________________________________________________________________

**Holster Position:**_____________ **Hand:** ______ **Start Date:** _________
**Spare Magazine Position:** ___________ **Firearm:** __________________
**Cover Garment:** _______________________________ **Caliber:** ______
**Notes:**________________________________________________________________________________________________________________________________________________

**Slow Drills:** 1 - 2 - 3 - 4 - 5 - 6 - 7 - 8 - 9 - 10 - 11 - 12 - 13 - 14 - 15 - 16
17 - 18 - 19 - 20 - 21 - 22 - 23 - 24 - 25 - 26 - 27 - 28 - 29 - 30 - 31 - 32
33 - 34 - 35 - 36 - 37 - 38 - 39 - 40 - 41 - 42 - 43 - 44 - 45 - 46 - 47 - 48
49 - 50 - 51 - 52 - 53 - 54 - 55 - 56 - 57 - 58 - 59 - 60 - 61 - 62 - 63 - 64
65 - 66 - 67 - 68 - 69 - 70 - 71 - 72 - 73 - 74 - 75 - 76 - 77 - 78 - 79 - 80
81 - 82 - 83 - 84 - 85 - 86 - 87 - 88 - 89 - 90 - 91 - 92 - 93 - 94 - 95 - 96
97 - 98 - 99 - 100 **Notes:** ______________________________________________________________________________________________________________________________________________________________________________________

**Time Drills:** 1 - 2 - 3 - 4 - 5 - 6 - 7 - 8 - 9 - 10 - 11 - 12 - 13 - 14 - 15 - 16
17 - 18 - 19 - 20 - 21 - 22 - 23 - 24 - 25 - 26 - 27 - 28 - 29 - 30 - 31 - 32
33 - 34 - 35 - 36 - 37 - 38 - 39 - 40 - 41 - 42 - 43 - 44 - 45 - 46 - 47 - 48
49 - 50 - 51 - 52 - 53 - 54 - 55 - 56 - 57 - 58 - 59 - 60 - 61 - 62 - 63 - 64
65 - 66 - 67 - 68 - 69 - 70 - 71 - 72 - 73 - 74 - 75 - 76 - 77 - 78 - 79 - 80
81 - 82 - 83 - 84 - 85 - 86 - 87 - 88 - 89 - 90 - 91 - 92 - 93 - 94 - 95 - 96
97 - 98 - 99 - 100 **Notes:** ______________________________________________________________________________________________________________________________________________________________________________________

**Time Drills:** 1 - 2 - 3 - 4 - 5 - 6 - 7 - 8 - 9 - 10 - 11 - 12 - 13 - 14 - 15 - 16
17 - 18 - 19 - 20 - 21 - 22 - 23 - 24 - 25 - 26 - 27 - 28 - 29 - 30 - 31 - 32
33 - 34 - 35 - 36 - 37 - 38 - 39 - 40 - 41 - 42 - 43 - 44 - 45 - 46 - 47 - 48
49 - 50 - 51 - 52 - 53 - 54 - 55 - 56 - 57 - 58 - 59 - 60 - 61 - 62 - 63 - 64
65 - 66 - 67 - 68 - 69 - 70 - 71 - 72 - 73 - 74 - 75 - 76 - 77 - 78 - 79 - 80
81 - 82 - 83 - 84 - 85 - 86 - 87 - 88 - 89 - 90 - 91 - 92 - 93 - 94 - 95 - 96
97 - 98 - 99 - 100 **Notes:** ______________________________

______________________________________________________

______________________________________________________

______________________________________________________

**Time Drills:** 1 - 2 - 3 - 4 - 5 - 6 - 7 - 8 - 9 - 10 - 11 - 12 - 13 - 14 - 15 - 16
17 - 18 - 19 - 20 - 21 - 22 - 23 - 24 - 25 - 26 - 27 - 28 - 29 - 30 - 31 - 32
33 - 34 - 35 - 36 - 37 - 38 - 39 - 40 - 41 - 42 - 43 - 44 - 45 - 46 - 47 - 48
49 - 50 - 51 - 52 - 53 - 54 - 55 - 56 - 57 - 58 - 59 - 60 - 61 - 62 - 63 - 64
65 - 66 - 67 - 68 - 69 - 70 - 71 - 72 - 73 - 74 - 75 - 76 - 77 - 78 - 79 - 80
81 - 82 - 83 - 84 - 85 - 86 - 87 - 88 - 89 - 90 - 91 - 92 - 93 - 94 - 95 - 96
97 - 98 - 99 - 100 **Notes:** ______________________________

______________________________________________________

______________________________________________________

______________________________________________________

**Time Drills:** 1 - 2 - 3 - 4 - 5 - 6 - 7 - 8 - 9 - 10 - 11 - 12 - 13 - 14 - 15 - 16
17 - 18 - 19 - 20 - 21 - 22 - 23 - 24 - 25 - 26 - 27 - 28 - 29 - 30 - 31 - 32
33 - 34 - 35 - 36 - 37 - 38 - 39 - 40 - 41 - 42 - 43 - 44 - 45 - 46 - 47 - 48
49 - 50 - 51 - 52 - 53 - 54 - 55 - 56 - 57 - 58 - 59 - 60 - 61 - 62 - 63 - 64
65 - 66 - 67 - 68 - 69 - 70 - 71 - 72 - 73 - 74 - 75 - 76 - 77 - 78 - 79 - 80
81 - 82 - 83 - 84 - 85 - 86 - 87 - 88 - 89 - 90 - 91 - 92 - 93 - 94 - 95 - 96
97 - 98 - 99 - 100 **Notes:** ______________________________

______________________________________________________

______________________________________________________

______________________________________________________

**Time Drills:** 1 - 2 - 3 - 4 - 5 - 6 - 7 - 8 - 9 - 10 - 11 - 12 - 13 - 14 - 15 - 16
17 - 18 - 19 - 20 - 21 - 22 - 23 - 24 - 25 - 26 - 27 - 28 - 29 - 30 - 31 - 32
33 - 34 - 35 - 36 - 37 - 38 - 39 - 40 - 41 - 42 - 43 - 44 - 45 - 46 - 47 - 48
49 - 50 - 51 - 52 - 53 - 54 - 55 - 56 - 57 - 58 - 59 - 60 - 61 - 62 - 63 - 64
65 - 66 - 67 - 68 - 69 - 70 - 71 - 72 - 73 - 74 - 75 - 76 - 77 - 78 - 79 - 80
81 - 82 - 83 - 84 - 85 - 86 - 87 - 88 - 89 - 90 - 91 - 92 - 93 - 94 - 95 - 96
97 - 98 - 99 - 100 **Notes:** ______________________________

______________________________________________________

______________________________________________________

____________________________________________ **End Date:** __________

**DRILL:**________________________________________

**No. of Targets:**_________ **Distance between Targets:**______________
**Target Used:**__________________ **Scoring Area:**__________________
**Distance from Shooter:**_____________ **Rounds Required:**___________
**Shooting Position:**____________________________________________
**Magazine Change: Yes - No - Multiple After How Many Rounds:**____
**Draw from Concealment: Yes - No Maximum Alloted Time:**________
**Drill Specifics:** _____________________________________________

**Holster Position:**_____________ **Hand:** ______ **Start Date:** _________
**Spare Magazine Position:** ___________ **Firearm:** __________________
**Cover Garment:** _________________________________ **Caliber:** ______
**Notes:**________________________________________________________

**Slow Drills:** 1 - 2 - 3 - 4 - 5 - 6 - 7 - 8 - 9 - 10 - 11 - 12 - 13 - 14 - 15 - 16
17 - 18 - 19 - 20 - 21 - 22 - 23 - 24 - 25 - 26 - 27 - 28 - 29 - 30 - 31 - 32
33 - 34 - 35 - 36 - 37 - 38 - 39 - 40 - 41 - 42 - 43 - 44 - 45 - 46 - 47 - 48
49 - 50 - 51 - 52 - 53 - 54 - 55 - 56 - 57 - 58 - 59 - 60 - 61 - 62 - 63 - 64
65 - 66 - 67 - 68 - 69 - 70 - 71 - 72 - 73 - 74 - 75 - 76 - 77 - 78 - 79 - 80
81 - 82 - 83 - 84 - 85 - 86 - 87 - 88 - 89 - 90 - 91 - 92 - 93 - 94 - 95 - 96
97 - 98 - 99 - 100 **Notes:** ______________________________

**Time Drills:** 1 - 2 - 3 - 4 - 5 - 6 - 7 - 8 - 9 - 10 - 11 - 12 - 13 - 14 - 15 - 16
17 - 18 - 19 - 20 - 21 - 22 - 23 - 24 - 25 - 26 - 27 - 28 - 29 - 30 - 31 - 32
33 - 34 - 35 - 36 - 37 - 38 - 39 - 40 - 41 - 42 - 43 - 44 - 45 - 46 - 47 - 48
49 - 50 - 51 - 52 - 53 - 54 - 55 - 56 - 57 - 58 - 59 - 60 - 61 - 62 - 63 - 64
65 - 66 - 67 - 68 - 69 - 70 - 71 - 72 - 73 - 74 - 75 - 76 - 77 - 78 - 79 - 80
81 - 82 - 83 - 84 - 85 - 86 - 87 - 88 - 89 - 90 - 91 - 92 - 93 - 94 - 95 - 96
97 - 98 - 99 - 100 **Notes:** ______________________________

**Time Drills:** 1 - 2 - 3 - 4 - 5 - 6 - 7 - 8 - 9 - 10 - 11 - 12 - 13 - 14 - 15 - 16
17 - 18 - 19 - 20 - 21 - 22 - 23 - 24 - 25 - 26 - 27 - 28 - 29 - 30 - 31 - 32
33 - 34 - 35 - 36 - 37 - 38 - 39 - 40 - 41 - 42 - 43 - 44 - 45 - 46 - 47 - 48
49 - 50 - 51 - 52 - 53 - 54 - 55 - 56 - 57 - 58 - 59 - 60 - 61 - 62 - 63 - 64
65 - 66 - 67 - 68 - 69 - 70 - 71 - 72 - 73 - 74 - 75 - 76 - 77 - 78 - 79 - 80
81 - 82 - 83 - 84 - 85 - 86 - 87 - 88 - 89 - 90 - 91 - 92 - 93 - 94 - 95 - 96
97 - 98 - 99 - 100 **Notes:** ______________________________

______________________________________________

______________________________________________

______________________________________________

**Time Drills:** 1 - 2 - 3 - 4 - 5 - 6 - 7 - 8 - 9 - 10 - 11 - 12 - 13 - 14 - 15 - 16
17 - 18 - 19 - 20 - 21 - 22 - 23 - 24 - 25 - 26 - 27 - 28 - 29 - 30 - 31 - 32
33 - 34 - 35 - 36 - 37 - 38 - 39 - 40 - 41 - 42 - 43 - 44 - 45 - 46 - 47 - 48
49 - 50 - 51 - 52 - 53 - 54 - 55 - 56 - 57 - 58 - 59 - 60 - 61 - 62 - 63 - 64
65 - 66 - 67 - 68 - 69 - 70 - 71 - 72 - 73 - 74 - 75 - 76 - 77 - 78 - 79 - 80
81 - 82 - 83 - 84 - 85 - 86 - 87 - 88 - 89 - 90 - 91 - 92 - 93 - 94 - 95 - 96
97 - 98 - 99 - 100 **Notes:** ______________________________

______________________________________________

______________________________________________

______________________________________________

**Time Drills:** 1 - 2 - 3 - 4 - 5 - 6 - 7 - 8 - 9 - 10 - 11 - 12 - 13 - 14 - 15 - 16
17 - 18 - 19 - 20 - 21 - 22 - 23 - 24 - 25 - 26 - 27 - 28 - 29 - 30 - 31 - 32
33 - 34 - 35 - 36 - 37 - 38 - 39 - 40 - 41 - 42 - 43 - 44 - 45 - 46 - 47 - 48
49 - 50 - 51 - 52 - 53 - 54 - 55 - 56 - 57 - 58 - 59 - 60 - 61 - 62 - 63 - 64
65 - 66 - 67 - 68 - 69 - 70 - 71 - 72 - 73 - 74 - 75 - 76 - 77 - 78 - 79 - 80
81 - 82 - 83 - 84 - 85 - 86 - 87 - 88 - 89 - 90 - 91 - 92 - 93 - 94 - 95 - 96
97 - 98 - 99 - 100 **Notes:** ______________________________

______________________________________________

______________________________________________

______________________________________________

**Time Drills:** 1 - 2 - 3 - 4 - 5 - 6 - 7 - 8 - 9 - 10 - 11 - 12 - 13 - 14 - 15 - 16
17 - 18 - 19 - 20 - 21 - 22 - 23 - 24 - 25 - 26 - 27 - 28 - 29 - 30 - 31 - 32
33 - 34 - 35 - 36 - 37 - 38 - 39 - 40 - 41 - 42 - 43 - 44 - 45 - 46 - 47 - 48
49 - 50 - 51 - 52 - 53 - 54 - 55 - 56 - 57 - 58 - 59 - 60 - 61 - 62 - 63 - 64
65 - 66 - 67 - 68 - 69 - 70 - 71 - 72 - 73 - 74 - 75 - 76 - 77 - 78 - 79 - 80
81 - 82 - 83 - 84 - 85 - 86 - 87 - 88 - 89 - 90 - 91 - 92 - 93 - 94 - 95 - 96
97 - 98 - 99 - 100 **Notes:** ______________________________

______________________________________________

______________________________________________

______________________________ **End Date:** __________

**DRILL:**________________________________________

**No. of Targets:**________ **Distance between Targets:**___________
**Target Used:**_______________ **Scoring Area:**_______________
**Distance from Shooter:**___________ **Rounds Required:**_________
**Shooting Position:**__________________________________
**Magazine Change: Yes - No - Multiple After How Many Rounds:**____
**Draw from Concealment: Yes - No Maximum Alloted Time:**_______
**Drill Specifics:** ____________________________________

**Holster Position:**____________ **Hand:** _____ **Start Date:** ________
**Spare Magazine Position:** __________ **Firearm:** ______________
**Cover Garment:** ____________________________ **Caliber:** _____
**Notes:**___________________________________________

**Slow Drills:** 1 - 2 - 3 - 4 - 5 - 6 - 7 - 8 - 9 - 10 - 11 - 12 - 13 - 14 - 15 - 16
17 - 18 - 19 - 20 - 21 - 22 - 23 - 24 - 25 - 26 - 27 - 28 - 29 - 30 - 31 - 32
33 - 34 - 35 - 36 - 37 - 38 - 39 - 40 - 41 - 42 - 43 - 44 - 45 - 46 - 47 - 48
49 - 50 - 51 - 52 - 53 - 54 - 55 - 56 - 57 - 58 - 59 - 60 - 61 - 62 - 63 - 64
65 - 66 - 67 - 68 - 69 - 70 - 71 - 72 - 73 - 74 - 75 - 76 - 77 - 78 - 79 - 80
81 - 82 - 83 - 84 - 85 - 86 - 87 - 88 - 89 - 90 - 91 - 92 - 93 - 94 - 95 - 96
97 - 98 - 99 - 100 **Notes:** __________________________

**Time Drills:** 1 - 2 - 3 - 4 - 5 - 6 - 7 - 8 - 9 - 10 - 11 - 12 - 13 - 14 - 15 - 16
17 - 18 - 19 - 20 - 21 - 22 - 23 - 24 - 25 - 26 - 27 - 28 - 29 - 30 - 31 - 32
33 - 34 - 35 - 36 - 37 - 38 - 39 - 40 - 41 - 42 - 43 - 44 - 45 - 46 - 47 - 48
49 - 50 - 51 - 52 - 53 - 54 - 55 - 56 - 57 - 58 - 59 - 60 - 61 - 62 - 63 - 64
65 - 66 - 67 - 68 - 69 - 70 - 71 - 72 - 73 - 74 - 75 - 76 - 77 - 78 - 79 - 80
81 - 82 - 83 - 84 - 85 - 86 - 87 - 88 - 89 - 90 - 91 - 92 - 93 - 94 - 95 - 96
97 - 98 - 99 - 100 **Notes:** __________________________

**Time Drills:** 1 - 2 - 3 - 4 - 5 - 6 - 7 - 8 - 9 - 10 - 11 - 12 - 13 - 14 - 15 - 16
17 - 18 - 19 - 20 - 21 - 22 - 23 - 24 - 25 - 26 - 27 - 28 - 29 - 30 - 31 - 32
33 - 34 - 35 - 36 - 37 - 38 - 39 - 40 - 41 - 42 - 43 - 44 - 45 - 46 - 47 - 48
49 - 50 - 51 - 52 - 53 - 54 - 55 - 56 - 57 - 58 - 59 - 60 - 61 - 62 - 63 - 64
65 - 66 - 67 - 68 - 69 - 70 - 71 - 72 - 73 - 74 - 75 - 76 - 77 - 78 - 79 - 80
81 - 82 - 83 - 84 - 85 - 86 - 87 - 88 - 89 - 90 - 91 - 92 - 93 - 94 - 95 - 96
97 - 98 - 99 - 100 **Notes:** ______________________________

______________________________________________

______________________________________________

______________________________________________

**Time Drills:** 1 - 2 - 3 - 4 - 5 - 6 - 7 - 8 - 9 - 10 - 11 - 12 - 13 - 14 - 15 - 16
17 - 18 - 19 - 20 - 21 - 22 - 23 - 24 - 25 - 26 - 27 - 28 - 29 - 30 - 31 - 32
33 - 34 - 35 - 36 - 37 - 38 - 39 - 40 - 41 - 42 - 43 - 44 - 45 - 46 - 47 - 48
49 - 50 - 51 - 52 - 53 - 54 - 55 - 56 - 57 - 58 - 59 - 60 - 61 - 62 - 63 - 64
65 - 66 - 67 - 68 - 69 - 70 - 71 - 72 - 73 - 74 - 75 - 76 - 77 - 78 - 79 - 80
81 - 82 - 83 - 84 - 85 - 86 - 87 - 88 - 89 - 90 - 91 - 92 - 93 - 94 - 95 - 96
97 - 98 - 99 - 100 **Notes:** ______________________________

______________________________________________

______________________________________________

______________________________________________

**Time Drills:** 1 - 2 - 3 - 4 - 5 - 6 - 7 - 8 - 9 - 10 - 11 - 12 - 13 - 14 - 15 - 16
17 - 18 - 19 - 20 - 21 - 22 - 23 - 24 - 25 - 26 - 27 - 28 - 29 - 30 - 31 - 32
33 - 34 - 35 - 36 - 37 - 38 - 39 - 40 - 41 - 42 - 43 - 44 - 45 - 46 - 47 - 48
49 - 50 - 51 - 52 - 53 - 54 - 55 - 56 - 57 - 58 - 59 - 60 - 61 - 62 - 63 - 64
65 - 66 - 67 - 68 - 69 - 70 - 71 - 72 - 73 - 74 - 75 - 76 - 77 - 78 - 79 - 80
81 - 82 - 83 - 84 - 85 - 86 - 87 - 88 - 89 - 90 - 91 - 92 - 93 - 94 - 95 - 96
97 - 98 - 99 - 100 **Notes:** ______________________________

______________________________________________

______________________________________________

______________________________________________

**Time Drills:** 1 - 2 - 3 - 4 - 5 - 6 - 7 - 8 - 9 - 10 - 11 - 12 - 13 - 14 - 15 - 16
17 - 18 - 19 - 20 - 21 - 22 - 23 - 24 - 25 - 26 - 27 - 28 - 29 - 30 - 31 - 32
33 - 34 - 35 - 36 - 37 - 38 - 39 - 40 - 41 - 42 - 43 - 44 - 45 - 46 - 47 - 48
49 - 50 - 51 - 52 - 53 - 54 - 55 - 56 - 57 - 58 - 59 - 60 - 61 - 62 - 63 - 64
65 - 66 - 67 - 68 - 69 - 70 - 71 - 72 - 73 - 74 - 75 - 76 - 77 - 78 - 79 - 80
81 - 82 - 83 - 84 - 85 - 86 - 87 - 88 - 89 - 90 - 91 - 92 - 93 - 94 - 95 - 96
97 - 98 - 99 - 100 **Notes:** ______________________________

______________________________________________

______________________________________________

________________________________ **End Date:** ____________

**DRILL:**________________________________________

**No. of Targets:**_________ **Distance between Targets:**_______________
**Target Used:**__________________ **Scoring Area:**__________________
**Distance from Shooter:**_____________ **Rounds Required:**___________
**Shooting Position:**________________________________________
**Magazine Change: Yes - No - Multiple After How Many Rounds:**____
**Draw from Concealment: Yes - No Maximum Alloted Time:**________
**Drill Specifics:** ________________________________________

______________________________________________________

______________________________________________________

**Holster Position:**_____________ **Hand:** ______ **Start Date:** ________
**Spare Magazine Position:** ___________ **Firearm:** _________________
**Cover Garment:** ________________________________ **Caliber:** ______
**Notes:**__________________________________________________

______________________________________________________

______________________________________________________

**Slow Drills:** 1 - 2 - 3 - 4 - 5 - 6 - 7 - 8 - 9 - 10 - 11 - 12 - 13 - 14 - 15 - 16
17 - 18 - 19 - 20 - 21 - 22 - 23 - 24 - 25 - 26 - 27 - 28 - 29 - 30 - 31 - 32
33 - 34 - 35 - 36 - 37 - 38 - 39 - 40 - 41 - 42 - 43 - 44 - 45 - 46 - 47 - 48
49 - 50 - 51 - 52 - 53 - 54 - 55 - 56 - 57 - 58 - 59 - 60 - 61 - 62 - 63 - 64
65 - 66 - 67 - 68 - 69 - 70 - 71 - 72 - 73 - 74 - 75 - 76 - 77 - 78 - 79 - 80
81 - 82 - 83 - 84 - 85 - 86 - 87 - 88 - 89 - 90 - 91 - 92 - 93 - 94 - 95 - 96
97 - 98 - 99 - 100 **Notes:** _______________________________

______________________________________________________

______________________________________________________

______________________________________________________

**Time Drills:** 1 - 2 - 3 - 4 - 5 - 6 - 7 - 8 - 9 - 10 - 11 - 12 - 13 - 14 - 15 - 16
17 - 18 - 19 - 20 - 21 - 22 - 23 - 24 - 25 - 26 - 27 - 28 - 29 - 30 - 31 - 32
33 - 34 - 35 - 36 - 37 - 38 - 39 - 40 - 41 - 42 - 43 - 44 - 45 - 46 - 47 - 48
49 - 50 - 51 - 52 - 53 - 54 - 55 - 56 - 57 - 58 - 59 - 60 - 61 - 62 - 63 - 64
65 - 66 - 67 - 68 - 69 - 70 - 71 - 72 - 73 - 74 - 75 - 76 - 77 - 78 - 79 - 80
81 - 82 - 83 - 84 - 85 - 86 - 87 - 88 - 89 - 90 - 91 - 92 - 93 - 94 - 95 - 96
97 - 98 - 99 - 100 **Notes:** _______________________________

______________________________________________________

______________________________________________________

______________________________________________________

**Time Drills:** 1 - 2 - 3 - 4 - 5 - 6 - 7 - 8 - 9 - 10 - 11 - 12 - 13 - 14 - 15 - 16
17 - 18 - 19 - 20 - 21 - 22 - 23 - 24 - 25 - 26 - 27 - 28 - 29 - 30 - 31 - 32
33 - 34 - 35 - 36 - 37 - 38 - 39 - 40 - 41 - 42 - 43 - 44 - 45 - 46 - 47 - 48
49 - 50 - 51 - 52 - 53 - 54 - 55 - 56 - 57 - 58 - 59 - 60 - 61 - 62 - 63 - 64
65 - 66 - 67 - 68 - 69 - 70 - 71 - 72 - 73 - 74 - 75 - 76 - 77 - 78 - 79 - 80
81 - 82 - 83 - 84 - 85 - 86 - 87 - 88 - 89 - 90 - 91 - 92 - 93 - 94 - 95 - 96
97 - 98 - 99 - 100 **Notes:** ______________________________

______________________________________________

______________________________________________

______________________________________________

**Time Drills:** 1 - 2 - 3 - 4 - 5 - 6 - 7 - 8 - 9 - 10 - 11 - 12 - 13 - 14 - 15 - 16
17 - 18 - 19 - 20 - 21 - 22 - 23 - 24 - 25 - 26 - 27 - 28 - 29 - 30 - 31 - 32
33 - 34 - 35 - 36 - 37 - 38 - 39 - 40 - 41 - 42 - 43 - 44 - 45 - 46 - 47 - 48
49 - 50 - 51 - 52 - 53 - 54 - 55 - 56 - 57 - 58 - 59 - 60 - 61 - 62 - 63 - 64
65 - 66 - 67 - 68 - 69 - 70 - 71 - 72 - 73 - 74 - 75 - 76 - 77 - 78 - 79 - 80
81 - 82 - 83 - 84 - 85 - 86 - 87 - 88 - 89 - 90 - 91 - 92 - 93 - 94 - 95 - 96
97 - 98 - 99 - 100 **Notes:** ______________________________

______________________________________________

______________________________________________

______________________________________________

**Time Drills:** 1 - 2 - 3 - 4 - 5 - 6 - 7 - 8 - 9 - 10 - 11 - 12 - 13 - 14 - 15 - 16
17 - 18 - 19 - 20 - 21 - 22 - 23 - 24 - 25 - 26 - 27 - 28 - 29 - 30 - 31 - 32
33 - 34 - 35 - 36 - 37 - 38 - 39 - 40 - 41 - 42 - 43 - 44 - 45 - 46 - 47 - 48
49 - 50 - 51 - 52 - 53 - 54 - 55 - 56 - 57 - 58 - 59 - 60 - 61 - 62 - 63 - 64
65 - 66 - 67 - 68 - 69 - 70 - 71 - 72 - 73 - 74 - 75 - 76 - 77 - 78 - 79 - 80
81 - 82 - 83 - 84 - 85 - 86 - 87 - 88 - 89 - 90 - 91 - 92 - 93 - 94 - 95 - 96
97 - 98 - 99 - 100 **Notes:** ______________________________

______________________________________________

______________________________________________

______________________________________________

**Time Drills:** 1 - 2 - 3 - 4 - 5 - 6 - 7 - 8 - 9 - 10 - 11 - 12 - 13 - 14 - 15 - 16
17 - 18 - 19 - 20 - 21 - 22 - 23 - 24 - 25 - 26 - 27 - 28 - 29 - 30 - 31 - 32
33 - 34 - 35 - 36 - 37 - 38 - 39 - 40 - 41 - 42 - 43 - 44 - 45 - 46 - 47 - 48
49 - 50 - 51 - 52 - 53 - 54 - 55 - 56 - 57 - 58 - 59 - 60 - 61 - 62 - 63 - 64
65 - 66 - 67 - 68 - 69 - 70 - 71 - 72 - 73 - 74 - 75 - 76 - 77 - 78 - 79 - 80
81 - 82 - 83 - 84 - 85 - 86 - 87 - 88 - 89 - 90 - 91 - 92 - 93 - 94 - 95 - 96
97 - 98 - 99 - 100 **Notes:** ______________________________

______________________________________________

______________________________________________

______________________________ **End Date:** __________

**DRILL:**__________________________________________

**No. of Targets:**_________ **Distance between Targets:**______________
**Target Used:**_________________ **Scoring Area:**_________________
**Distance from Shooter:**_____________ **Rounds Required:**___________
**Shooting Position:**_____________________________________
**Magazine Change: Yes - No - Multiple After How Many Rounds:**____
**Draw from Concealment: Yes - No Maximum Alloted Time:**________
**Drill Specifics:** ________________________________________

____________________________________________________

____________________________________________________

**Holster Position:**_____________ **Hand:** ______ **Start Date:** ________
**Spare Magazine Position:** ___________ **Firearm:** __________________
**Cover Garment:** ________________________________ **Caliber:** ______
**Notes:**_________________________________________________

____________________________________________________

____________________________________________________

**Slow Drills:** 1 - 2 - 3 - 4 - 5 - 6 - 7 - 8 - 9 - 10 - 11 - 12 - 13 - 14 - 15 - 16
17 - 18 - 19 - 20 - 21 - 22 - 23 - 24 - 25 - 26 - 27 - 28 - 29 - 30 - 31 - 32
33 - 34 - 35 - 36 - 37 - 38 - 39 - 40 - 41 - 42 - 43 - 44 - 45 - 46 - 47 - 48
49 - 50 - 51 - 52 - 53 - 54 - 55 - 56 - 57 - 58 - 59 - 60 - 61 - 62 - 63 - 64
65 - 66 - 67 - 68 - 69 - 70 - 71 - 72 - 73 - 74 - 75 - 76 - 77 - 78 - 79 - 80
81 - 82 - 83 - 84 - 85 - 86 - 87 - 88 - 89 - 90 - 91 - 92 - 93 - 94 - 95 - 96
97 - 98 - 99 - 100 **Notes:** ________________________________

____________________________________________________

____________________________________________________

____________________________________________________

**Time Drills:** 1 - 2 - 3 - 4 - 5 - 6 - 7 - 8 - 9 - 10 - 11 - 12 - 13 - 14 - 15 - 16
17 - 18 - 19 - 20 - 21 - 22 - 23 - 24 - 25 - 26 - 27 - 28 - 29 - 30 - 31 - 32
33 - 34 - 35 - 36 - 37 - 38 - 39 - 40 - 41 - 42 - 43 - 44 - 45 - 46 - 47 - 48
49 - 50 - 51 - 52 - 53 - 54 - 55 - 56 - 57 - 58 - 59 - 60 - 61 - 62 - 63 - 64
65 - 66 - 67 - 68 - 69 - 70 - 71 - 72 - 73 - 74 - 75 - 76 - 77 - 78 - 79 - 80
81 - 82 - 83 - 84 - 85 - 86 - 87 - 88 - 89 - 90 - 91 - 92 - 93 - 94 - 95 - 96
97 - 98 - 99 - 100 **Notes:** ________________________________

____________________________________________________

____________________________________________________

____________________________________________________

**Time Drills:** 1 - 2 - 3 - 4 - 5 - 6 - 7 - 8 - 9 - 10 - 11 - 12 - 13 - 14 - 15 - 16
17 - 18 - 19 - 20 - 21 - 22 - 23 - 24 - 25 - 26 - 27 - 28 - 29 - 30 - 31 - 32
33 - 34 - 35 - 36 - 37 - 38 - 39 - 40 - 41 - 42 - 43 - 44 - 45 - 46 - 47 - 48
49 - 50 - 51 - 52 - 53 - 54 - 55 - 56 - 57 - 58 - 59 - 60 - 61 - 62 - 63 - 64
65 - 66 - 67 - 68 - 69 - 70 - 71 - 72 - 73 - 74 - 75 - 76 - 77 - 78 - 79 - 80
81 - 82 - 83 - 84 - 85 - 86 - 87 - 88 - 89 - 90 - 91 - 92 - 93 - 94 - 95 - 96
97 - 98 - 99 - 100 **Notes:** ______________________________

**Time Drills:** 1 - 2 - 3 - 4 - 5 - 6 - 7 - 8 - 9 - 10 - 11 - 12 - 13 - 14 - 15 - 16
17 - 18 - 19 - 20 - 21 - 22 - 23 - 24 - 25 - 26 - 27 - 28 - 29 - 30 - 31 - 32
33 - 34 - 35 - 36 - 37 - 38 - 39 - 40 - 41 - 42 - 43 - 44 - 45 - 46 - 47 - 48
49 - 50 - 51 - 52 - 53 - 54 - 55 - 56 - 57 - 58 - 59 - 60 - 61 - 62 - 63 - 64
65 - 66 - 67 - 68 - 69 - 70 - 71 - 72 - 73 - 74 - 75 - 76 - 77 - 78 - 79 - 80
81 - 82 - 83 - 84 - 85 - 86 - 87 - 88 - 89 - 90 - 91 - 92 - 93 - 94 - 95 - 96
97 - 98 - 99 - 100 **Notes:** ______________________________

**Time Drills:** 1 - 2 - 3 - 4 - 5 - 6 - 7 - 8 - 9 - 10 - 11 - 12 - 13 - 14 - 15 - 16
17 - 18 - 19 - 20 - 21 - 22 - 23 - 24 - 25 - 26 - 27 - 28 - 29 - 30 - 31 - 32
33 - 34 - 35 - 36 - 37 - 38 - 39 - 40 - 41 - 42 - 43 - 44 - 45 - 46 - 47 - 48
49 - 50 - 51 - 52 - 53 - 54 - 55 - 56 - 57 - 58 - 59 - 60 - 61 - 62 - 63 - 64
65 - 66 - 67 - 68 - 69 - 70 - 71 - 72 - 73 - 74 - 75 - 76 - 77 - 78 - 79 - 80
81 - 82 - 83 - 84 - 85 - 86 - 87 - 88 - 89 - 90 - 91 - 92 - 93 - 94 - 95 - 96
97 - 98 - 99 - 100 **Notes:** ______________________________

**Time Drills:** 1 - 2 - 3 - 4 - 5 - 6 - 7 - 8 - 9 - 10 - 11 - 12 - 13 - 14 - 15 - 16
17 - 18 - 19 - 20 - 21 - 22 - 23 - 24 - 25 - 26 - 27 - 28 - 29 - 30 - 31 - 32
33 - 34 - 35 - 36 - 37 - 38 - 39 - 40 - 41 - 42 - 43 - 44 - 45 - 46 - 47 - 48
49 - 50 - 51 - 52 - 53 - 54 - 55 - 56 - 57 - 58 - 59 - 60 - 61 - 62 - 63 - 64
65 - 66 - 67 - 68 - 69 - 70 - 71 - 72 - 73 - 74 - 75 - 76 - 77 - 78 - 79 - 80
81 - 82 - 83 - 84 - 85 - 86 - 87 - 88 - 89 - 90 - 91 - 92 - 93 - 94 - 95 - 96
97 - 98 - 99 - 100 **Notes:** ______________________________

**End Date:** ____________

**DRILL:**________________________________________

**No. of Targets:**_________ **Distance between Targets:**_______________
**Target Used:**__________________ **Scoring Area:**__________________
**Distance from Shooter:**_____________ **Rounds Required:**___________
**Shooting Position:**________________________________________
**Magazine Change: Yes - No - Multiple After How Many Rounds:**____
**Draw from Concealment: Yes - No Maximum Alloted Time:**________
**Drill Specifics:** ________________________________________

________________________________________________________

________________________________________________________

**Holster Position:**_____________ **Hand:** ______ **Start Date:** ________
**Spare Magazine Position:** ___________ **Firearm:** __________________
**Cover Garment:** _________________________________ **Caliber:** ______
**Notes:**_________________________________________________

________________________________________________________

________________________________________________________

**Slow Drills:** 1 - 2 - 3 - 4 - 5 - 6 - 7 - 8 - 9 - 10 - 11 - 12 - 13 - 14 - 15 - 16
17 - 18 - 19 - 20 - 21 - 22 - 23 - 24 - 25 - 26 - 27 - 28 - 29 - 30 - 31 - 32
33 - 34 - 35 - 36 - 37 - 38 - 39 - 40 - 41 - 42 - 43 - 44 - 45 - 46 - 47 - 48
49 - 50 - 51 - 52 - 53 - 54 - 55 - 56 - 57 - 58 - 59 - 60 - 61 - 62 - 63 - 64
65 - 66 - 67 - 68 - 69 - 70 - 71 - 72 - 73 - 74 - 75 - 76 - 77 - 78 - 79 - 80
81 - 82 - 83 - 84 - 85 - 86 - 87 - 88 - 89 - 90 - 91 - 92 - 93 - 94 - 95 - 96
97 - 98 - 99 - 100 **Notes:** ______________________________

________________________________________________________

________________________________________________________

________________________________________________________

**Time Drills:** 1 - 2 - 3 - 4 - 5 - 6 - 7 - 8 - 9 - 10 - 11 - 12 - 13 - 14 - 15 - 16
17 - 18 - 19 - 20 - 21 - 22 - 23 - 24 - 25 - 26 - 27 - 28 - 29 - 30 - 31 - 32
33 - 34 - 35 - 36 - 37 - 38 - 39 - 40 - 41 - 42 - 43 - 44 - 45 - 46 - 47 - 48
49 - 50 - 51 - 52 - 53 - 54 - 55 - 56 - 57 - 58 - 59 - 60 - 61 - 62 - 63 - 64
65 - 66 - 67 - 68 - 69 - 70 - 71 - 72 - 73 - 74 - 75 - 76 - 77 - 78 - 79 - 80
81 - 82 - 83 - 84 - 85 - 86 - 87 - 88 - 89 - 90 - 91 - 92 - 93 - 94 - 95 - 96
97 - 98 - 99 - 100 **Notes:** ______________________________

________________________________________________________

________________________________________________________

________________________________________________________

**Time Drills:** 1 - 2 - 3 - 4 - 5 - 6 - 7 - 8 - 9 - 10 - 11 - 12 - 13 - 14 - 15 - 16
17 - 18 - 19 - 20 - 21 - 22 - 23 - 24 - 25 - 26 - 27 - 28 - 29 - 30 - 31 - 32
33 - 34 - 35 - 36 - 37 - 38 - 39 - 40 - 41 - 42 - 43 - 44 - 45 - 46 - 47 - 48
49 - 50 - 51 - 52 - 53 - 54 - 55 - 56 - 57 - 58 - 59 - 60 - 61 - 62 - 63 - 64
65 - 66 - 67 - 68 - 69 - 70 - 71 - 72 - 73 - 74 - 75 - 76 - 77 - 78 - 79 - 80
81 - 82 - 83 - 84 - 85 - 86 - 87 - 88 - 89 - 90 - 91 - 92 - 93 - 94 - 95 - 96
97 - 98 - 99 - 100 **Notes:** ______________________________

______________________________________________

______________________________________________

______________________________________________

**Time Drills:** 1 - 2 - 3 - 4 - 5 - 6 - 7 - 8 - 9 - 10 - 11 - 12 - 13 - 14 - 15 - 16
17 - 18 - 19 - 20 - 21 - 22 - 23 - 24 - 25 - 26 - 27 - 28 - 29 - 30 - 31 - 32
33 - 34 - 35 - 36 - 37 - 38 - 39 - 40 - 41 - 42 - 43 - 44 - 45 - 46 - 47 - 48
49 - 50 - 51 - 52 - 53 - 54 - 55 - 56 - 57 - 58 - 59 - 60 - 61 - 62 - 63 - 64
65 - 66 - 67 - 68 - 69 - 70 - 71 - 72 - 73 - 74 - 75 - 76 - 77 - 78 - 79 - 80
81 - 82 - 83 - 84 - 85 - 86 - 87 - 88 - 89 - 90 - 91 - 92 - 93 - 94 - 95 - 96
97 - 98 - 99 - 100 **Notes:** ______________________________

______________________________________________

______________________________________________

______________________________________________

**Time Drills:** 1 - 2 - 3 - 4 - 5 - 6 - 7 - 8 - 9 - 10 - 11 - 12 - 13 - 14 - 15 - 16
17 - 18 - 19 - 20 - 21 - 22 - 23 - 24 - 25 - 26 - 27 - 28 - 29 - 30 - 31 - 32
33 - 34 - 35 - 36 - 37 - 38 - 39 - 40 - 41 - 42 - 43 - 44 - 45 - 46 - 47 - 48
49 - 50 - 51 - 52 - 53 - 54 - 55 - 56 - 57 - 58 - 59 - 60 - 61 - 62 - 63 - 64
65 - 66 - 67 - 68 - 69 - 70 - 71 - 72 - 73 - 74 - 75 - 76 - 77 - 78 - 79 - 80
81 - 82 - 83 - 84 - 85 - 86 - 87 - 88 - 89 - 90 - 91 - 92 - 93 - 94 - 95 - 96
97 - 98 - 99 - 100 **Notes:** ______________________________

______________________________________________

______________________________________________

______________________________________________

**Time Drills:** 1 - 2 - 3 - 4 - 5 - 6 - 7 - 8 - 9 - 10 - 11 - 12 - 13 - 14 - 15 - 16
17 - 18 - 19 - 20 - 21 - 22 - 23 - 24 - 25 - 26 - 27 - 28 - 29 - 30 - 31 - 32
33 - 34 - 35 - 36 - 37 - 38 - 39 - 40 - 41 - 42 - 43 - 44 - 45 - 46 - 47 - 48
49 - 50 - 51 - 52 - 53 - 54 - 55 - 56 - 57 - 58 - 59 - 60 - 61 - 62 - 63 - 64
65 - 66 - 67 - 68 - 69 - 70 - 71 - 72 - 73 - 74 - 75 - 76 - 77 - 78 - 79 - 80
81 - 82 - 83 - 84 - 85 - 86 - 87 - 88 - 89 - 90 - 91 - 92 - 93 - 94 - 95 - 96
97 - 98 - 99 - 100 **Notes:** ______________________________

______________________________________________

______________________________________________

______________________________ **End Date:** ____________

**DRILL:**______________________________________________

**No. of Targets:**__________ **Distance between Targets:**________________
**Target Used:**____________________ **Scoring Area:**____________________
**Distance from Shooter:**_______________ **Rounds Required:**____________
**Shooting Position:**___________________________________________
**Magazine Change: Yes - No - Multiple After How Many Rounds:**____
**Draw from Concealment: Yes - No Maximum Alloted Time:**_________
**Drill Specifics:** _________________________________________

________________________________________________________

________________________________________________________

**Holster Position:**_______________ **Hand:** ______ **Start Date:** __________
**Spare Magazine Position:** _____________ **Firearm:** ____________________
**Cover Garment:** ______________________________________ **Caliber:** ______
**Notes:**____________________________________________________

________________________________________________________

________________________________________________________

**Slow Drills:** 1 - 2 - 3 - 4 - 5 - 6 - 7 - 8 - 9 - 10 - 11 - 12 - 13 - 14 - 15 - 16
17 - 18 - 19 - 20 - 21 - 22 - 23 - 24 - 25 - 26 - 27 - 28 - 29 - 30 - 31 - 32
33 - 34 - 35 - 36 - 37 - 38 - 39 - 40 - 41 - 42 - 43 - 44 - 45 - 46 - 47 - 48
49 - 50 - 51 - 52 - 53 - 54 - 55 - 56 - 57 - 58 - 59 - 60 - 61 - 62 - 63 - 64
65 - 66 - 67 - 68 - 69 - 70 - 71 - 72 - 73 - 74 - 75 - 76 - 77 - 78 - 79 - 80
81 - 82 - 83 - 84 - 85 - 86 - 87 - 88 - 89 - 90 - 91 - 92 - 93 - 94 - 95 - 96
97 - 98 - 99 - 100 **Notes:** ________________________________

________________________________________________________

________________________________________________________

________________________________________________________

**Time Drills:** 1 - 2 - 3 - 4 - 5 - 6 - 7 - 8 - 9 - 10 - 11 - 12 - 13 - 14 - 15 - 16
17 - 18 - 19 - 20 - 21 - 22 - 23 - 24 - 25 - 26 - 27 - 28 - 29 - 30 - 31 - 32
33 - 34 - 35 - 36 - 37 - 38 - 39 - 40 - 41 - 42 - 43 - 44 - 45 - 46 - 47 - 48
49 - 50 - 51 - 52 - 53 - 54 - 55 - 56 - 57 - 58 - 59 - 60 - 61 - 62 - 63 - 64
65 - 66 - 67 - 68 - 69 - 70 - 71 - 72 - 73 - 74 - 75 - 76 - 77 - 78 - 79 - 80
81 - 82 - 83 - 84 - 85 - 86 - 87 - 88 - 89 - 90 - 91 - 92 - 93 - 94 - 95 - 96
97 - 98 - 99 - 100 **Notes:** ________________________________

________________________________________________________

________________________________________________________

________________________________________________________

**Time Drills:** 1 - 2 - 3 - 4 - 5 - 6 - 7 - 8 - 9 - 10 - 11 - 12 - 13 - 14 - 15 - 16
17 - 18 - 19 - 20 - 21 - 22 - 23 - 24 - 25 - 26 - 27 - 28 - 29 - 30 - 31 - 32
33 - 34 - 35 - 36 - 37 - 38 - 39 - 40 - 41 - 42 - 43 - 44 - 45 - 46 - 47 - 48
49 - 50 - 51 - 52 - 53 - 54 - 55 - 56 - 57 - 58 - 59 - 60 - 61 - 62 - 63 - 64
65 - 66 - 67 - 68 - 69 - 70 - 71 - 72 - 73 - 74 - 75 - 76 - 77 - 78 - 79 - 80
81 - 82 - 83 - 84 - 85 - 86 - 87 - 88 - 89 - 90 - 91 - 92 - 93 - 94 - 95 - 96
97 - 98 - 99 - 100 **Notes:** ______________________________

**Time Drills:** 1 - 2 - 3 - 4 - 5 - 6 - 7 - 8 - 9 - 10 - 11 - 12 - 13 - 14 - 15 - 16
17 - 18 - 19 - 20 - 21 - 22 - 23 - 24 - 25 - 26 - 27 - 28 - 29 - 30 - 31 - 32
33 - 34 - 35 - 36 - 37 - 38 - 39 - 40 - 41 - 42 - 43 - 44 - 45 - 46 - 47 - 48
49 - 50 - 51 - 52 - 53 - 54 - 55 - 56 - 57 - 58 - 59 - 60 - 61 - 62 - 63 - 64
65 - 66 - 67 - 68 - 69 - 70 - 71 - 72 - 73 - 74 - 75 - 76 - 77 - 78 - 79 - 80
81 - 82 - 83 - 84 - 85 - 86 - 87 - 88 - 89 - 90 - 91 - 92 - 93 - 94 - 95 - 96
97 - 98 - 99 - 100 **Notes:** ______________________________

**Time Drills:** 1 - 2 - 3 - 4 - 5 - 6 - 7 - 8 - 9 - 10 - 11 - 12 - 13 - 14 - 15 - 16
17 - 18 - 19 - 20 - 21 - 22 - 23 - 24 - 25 - 26 - 27 - 28 - 29 - 30 - 31 - 32
33 - 34 - 35 - 36 - 37 - 38 - 39 - 40 - 41 - 42 - 43 - 44 - 45 - 46 - 47 - 48
49 - 50 - 51 - 52 - 53 - 54 - 55 - 56 - 57 - 58 - 59 - 60 - 61 - 62 - 63 - 64
65 - 66 - 67 - 68 - 69 - 70 - 71 - 72 - 73 - 74 - 75 - 76 - 77 - 78 - 79 - 80
81 - 82 - 83 - 84 - 85 - 86 - 87 - 88 - 89 - 90 - 91 - 92 - 93 - 94 - 95 - 96
97 - 98 - 99 - 100 **Notes:** ______________________________

**Time Drills:** 1 - 2 - 3 - 4 - 5 - 6 - 7 - 8 - 9 - 10 - 11 - 12 - 13 - 14 - 15 - 16
17 - 18 - 19 - 20 - 21 - 22 - 23 - 24 - 25 - 26 - 27 - 28 - 29 - 30 - 31 - 32
33 - 34 - 35 - 36 - 37 - 38 - 39 - 40 - 41 - 42 - 43 - 44 - 45 - 46 - 47 - 48
49 - 50 - 51 - 52 - 53 - 54 - 55 - 56 - 57 - 58 - 59 - 60 - 61 - 62 - 63 - 64
65 - 66 - 67 - 68 - 69 - 70 - 71 - 72 - 73 - 74 - 75 - 76 - 77 - 78 - 79 - 80
81 - 82 - 83 - 84 - 85 - 86 - 87 - 88 - 89 - 90 - 91 - 92 - 93 - 94 - 95 - 96
97 - 98 - 99 - 100 **Notes:** ______________________________

**End Date:** ______________

**DRILL:**________________________________________

**No. of Targets:**_________ **Distance between Targets:**_____________
**Target Used:**_________________ **Scoring Area:**_________________
**Distance from Shooter:**_____________ **Rounds Required:**___________
**Shooting Position:**______________________________________
**Magazine Change: Yes - No - Multiple After How Many Rounds:**____
**Draw from Concealment: Yes - No Maximum Alloted Time:**________
**Drill Specifics:** ________________________________________

________________________________________________________

________________________________________________________

**Holster Position:**_____________ **Hand:** ______ **Start Date:** ________
**Spare Magazine Position:** ___________ **Firearm:** _________________
**Cover Garment:** ______________________________ **Caliber:** ______
**Notes:**________________________________________________

________________________________________________________

________________________________________________________

**Slow Drills:** 1 - 2 - 3 - 4 - 5 - 6 - 7 - 8 - 9 - 10 - 11 - 12 - 13 - 14 - 15 - 16
17 - 18 - 19 - 20 - 21 - 22 - 23 - 24 - 25 - 26 - 27 - 28 - 29 - 30 - 31 - 32
33 - 34 - 35 - 36 - 37 - 38 - 39 - 40 - 41 - 42 - 43 - 44 - 45 - 46 - 47 - 48
49 - 50 - 51 - 52 - 53 - 54 - 55 - 56 - 57 - 58 - 59 - 60 - 61 - 62 - 63 - 64
65 - 66 - 67 - 68 - 69 - 70 - 71 - 72 - 73 - 74 - 75 - 76 - 77 - 78 - 79 - 80
81 - 82 - 83 - 84 - 85 - 86 - 87 - 88 - 89 - 90 - 91 - 92 - 93 - 94 - 95 - 96
97 - 98 - 99 - 100 **Notes:** ______________________________

________________________________________________________

________________________________________________________

________________________________________________________

**Time Drills:** 1 - 2 - 3 - 4 - 5 - 6 - 7 - 8 - 9 - 10 - 11 - 12 - 13 - 14 - 15 - 16
17 - 18 - 19 - 20 - 21 - 22 - 23 - 24 - 25 - 26 - 27 - 28 - 29 - 30 - 31 - 32
33 - 34 - 35 - 36 - 37 - 38 - 39 - 40 - 41 - 42 - 43 - 44 - 45 - 46 - 47 - 48
49 - 50 - 51 - 52 - 53 - 54 - 55 - 56 - 57 - 58 - 59 - 60 - 61 - 62 - 63 - 64
65 - 66 - 67 - 68 - 69 - 70 - 71 - 72 - 73 - 74 - 75 - 76 - 77 - 78 - 79 - 80
81 - 82 - 83 - 84 - 85 - 86 - 87 - 88 - 89 - 90 - 91 - 92 - 93 - 94 - 95 - 96
97 - 98 - 99 - 100 **Notes:** ______________________________

________________________________________________________

________________________________________________________

________________________________________________________

**Time Drills:** 1 - 2 - 3 - 4 - 5 - 6 - 7 - 8 - 9 - 10 - 11 - 12 - 13 - 14 - 15 - 16
17 - 18 - 19 - 20 - 21 - 22 - 23 - 24 - 25 - 26 - 27 - 28 - 29 - 30 - 31 - 32
33 - 34 - 35 - 36 - 37 - 38 - 39 - 40 - 41 - 42 - 43 - 44 - 45 - 46 - 47 - 48
49 - 50 - 51 - 52 - 53 - 54 - 55 - 56 - 57 - 58 - 59 - 60 - 61 - 62 - 63 - 64
65 - 66 - 67 - 68 - 69 - 70 - 71 - 72 - 73 - 74 - 75 - 76 - 77 - 78 - 79 - 80
81 - 82 - 83 - 84 - 85 - 86 - 87 - 88 - 89 - 90 - 91 - 92 - 93 - 94 - 95 - 96
97 - 98 - 99 - 100 **Notes:** ____________________

**Time Drills:** 1 - 2 - 3 - 4 - 5 - 6 - 7 - 8 - 9 - 10 - 11 - 12 - 13 - 14 - 15 - 16
17 - 18 - 19 - 20 - 21 - 22 - 23 - 24 - 25 - 26 - 27 - 28 - 29 - 30 - 31 - 32
33 - 34 - 35 - 36 - 37 - 38 - 39 - 40 - 41 - 42 - 43 - 44 - 45 - 46 - 47 - 48
49 - 50 - 51 - 52 - 53 - 54 - 55 - 56 - 57 - 58 - 59 - 60 - 61 - 62 - 63 - 64
65 - 66 - 67 - 68 - 69 - 70 - 71 - 72 - 73 - 74 - 75 - 76 - 77 - 78 - 79 - 80
81 - 82 - 83 - 84 - 85 - 86 - 87 - 88 - 89 - 90 - 91 - 92 - 93 - 94 - 95 - 96
97 - 98 - 99 - 100 **Notes:** ____________________

**Time Drills:** 1 - 2 - 3 - 4 - 5 - 6 - 7 - 8 - 9 - 10 - 11 - 12 - 13 - 14 - 15 - 16
17 - 18 - 19 - 20 - 21 - 22 - 23 - 24 - 25 - 26 - 27 - 28 - 29 - 30 - 31 - 32
33 - 34 - 35 - 36 - 37 - 38 - 39 - 40 - 41 - 42 - 43 - 44 - 45 - 46 - 47 - 48
49 - 50 - 51 - 52 - 53 - 54 - 55 - 56 - 57 - 58 - 59 - 60 - 61 - 62 - 63 - 64
65 - 66 - 67 - 68 - 69 - 70 - 71 - 72 - 73 - 74 - 75 - 76 - 77 - 78 - 79 - 80
81 - 82 - 83 - 84 - 85 - 86 - 87 - 88 - 89 - 90 - 91 - 92 - 93 - 94 - 95 - 96
97 - 98 - 99 - 100 **Notes:** ____________________

**Time Drills:** 1 - 2 - 3 - 4 - 5 - 6 - 7 - 8 - 9 - 10 - 11 - 12 - 13 - 14 - 15 - 16
17 - 18 - 19 - 20 - 21 - 22 - 23 - 24 - 25 - 26 - 27 - 28 - 29 - 30 - 31 - 32
33 - 34 - 35 - 36 - 37 - 38 - 39 - 40 - 41 - 42 - 43 - 44 - 45 - 46 - 47 - 48
49 - 50 - 51 - 52 - 53 - 54 - 55 - 56 - 57 - 58 - 59 - 60 - 61 - 62 - 63 - 64
65 - 66 - 67 - 68 - 69 - 70 - 71 - 72 - 73 - 74 - 75 - 76 - 77 - 78 - 79 - 80
81 - 82 - 83 - 84 - 85 - 86 - 87 - 88 - 89 - 90 - 91 - 92 - 93 - 94 - 95 - 96
97 - 98 - 99 - 100 **Notes:** ____________________

**End Date:** __________

**DRILL:**________________________________________

**No. of Targets:**__________ **Distance between Targets:**________________
**Target Used:**____________________ **Scoring Area:**_____________________
**Distance from Shooter:**_______________ **Rounds Required:**____________
**Shooting Position:**__________________________________________________
**Magazine Change: Yes - No - Multiple After How Many Rounds:**____
**Draw from Concealment: Yes - No Maximum Alloted Time:**_________
**Drill Specifics:** ___________________________________________________

**Holster Position:**_______________ **Hand:** ______ **Start Date:** _________
**Spare Magazine Position:** _____________ **Firearm:** ____________________
**Cover Garment:** _____________________________________ **Caliber:** ______
**Notes:**______________________________________________________________

**Slow Drills:** 1 - 2 - 3 - 4 - 5 - 6 - 7 - 8 - 9 - 10 - 11 - 12 - 13 - 14 - 15 - 16
17 - 18 - 19 - 20 - 21 - 22 - 23 - 24 - 25 - 26 - 27 - 28 - 29 - 30 - 31 - 32
33 - 34 - 35 - 36 - 37 - 38 - 39 - 40 - 41 - 42 - 43 - 44 - 45 - 46 - 47 - 48
49 - 50 - 51 - 52 - 53 - 54 - 55 - 56 - 57 - 58 - 59 - 60 - 61 - 62 - 63 - 64
65 - 66 - 67 - 68 - 69 - 70 - 71 - 72 - 73 - 74 - 75 - 76 - 77 - 78 - 79 - 80
81 - 82 - 83 - 84 - 85 - 86 - 87 - 88 - 89 - 90 - 91 - 92 - 93 - 94 - 95 - 96
97 - 98 - 99 - 100 **Notes:** ____________________________________

**Time Drills:** 1 - 2 - 3 - 4 - 5 - 6 - 7 - 8 - 9 - 10 - 11 - 12 - 13 - 14 - 15 - 16
17 - 18 - 19 - 20 - 21 - 22 - 23 - 24 - 25 - 26 - 27 - 28 - 29 - 30 - 31 - 32
33 - 34 - 35 - 36 - 37 - 38 - 39 - 40 - 41 - 42 - 43 - 44 - 45 - 46 - 47 - 48
49 - 50 - 51 - 52 - 53 - 54 - 55 - 56 - 57 - 58 - 59 - 60 - 61 - 62 - 63 - 64
65 - 66 - 67 - 68 - 69 - 70 - 71 - 72 - 73 - 74 - 75 - 76 - 77 - 78 - 79 - 80
81 - 82 - 83 - 84 - 85 - 86 - 87 - 88 - 89 - 90 - 91 - 92 - 93 - 94 - 95 - 96
97 - 98 - 99 - 100 **Notes:** ____________________________________

**Time Drills:** 1 - 2 - 3 - 4 - 5 - 6 - 7 - 8 - 9 - 10 - 11 - 12 - 13 - 14 - 15 - 16
17 - 18 - 19 - 20 - 21 - 22 - 23 - 24 - 25 - 26 - 27 - 28 - 29 - 30 - 31 - 32
33 - 34 - 35 - 36 - 37 - 38 - 39 - 40 - 41 - 42 - 43 - 44 - 45 - 46 - 47 - 48
49 - 50 - 51 - 52 - 53 - 54 - 55 - 56 - 57 - 58 - 59 - 60 - 61 - 62 - 63 - 64
65 - 66 - 67 - 68 - 69 - 70 - 71 - 72 - 73 - 74 - 75 - 76 - 77 - 78 - 79 - 80
81 - 82 - 83 - 84 - 85 - 86 - 87 - 88 - 89 - 90 - 91 - 92 - 93 - 94 - 95 - 96
97 - 98 - 99 - 100 **Notes:** ______________________________

______________________________________________

______________________________________________

______________________________________________

**Time Drills:** 1 - 2 - 3 - 4 - 5 - 6 - 7 - 8 - 9 - 10 - 11 - 12 - 13 - 14 - 15 - 16
17 - 18 - 19 - 20 - 21 - 22 - 23 - 24 - 25 - 26 - 27 - 28 - 29 - 30 - 31 - 32
33 - 34 - 35 - 36 - 37 - 38 - 39 - 40 - 41 - 42 - 43 - 44 - 45 - 46 - 47 - 48
49 - 50 - 51 - 52 - 53 - 54 - 55 - 56 - 57 - 58 - 59 - 60 - 61 - 62 - 63 - 64
65 - 66 - 67 - 68 - 69 - 70 - 71 - 72 - 73 - 74 - 75 - 76 - 77 - 78 - 79 - 80
81 - 82 - 83 - 84 - 85 - 86 - 87 - 88 - 89 - 90 - 91 - 92 - 93 - 94 - 95 - 96
97 - 98 - 99 - 100 **Notes:** ______________________________

______________________________________________

______________________________________________

______________________________________________

**Time Drills:** 1 - 2 - 3 - 4 - 5 - 6 - 7 - 8 - 9 - 10 - 11 - 12 - 13 - 14 - 15 - 16
17 - 18 - 19 - 20 - 21 - 22 - 23 - 24 - 25 - 26 - 27 - 28 - 29 - 30 - 31 - 32
33 - 34 - 35 - 36 - 37 - 38 - 39 - 40 - 41 - 42 - 43 - 44 - 45 - 46 - 47 - 48
49 - 50 - 51 - 52 - 53 - 54 - 55 - 56 - 57 - 58 - 59 - 60 - 61 - 62 - 63 - 64
65 - 66 - 67 - 68 - 69 - 70 - 71 - 72 - 73 - 74 - 75 - 76 - 77 - 78 - 79 - 80
81 - 82 - 83 - 84 - 85 - 86 - 87 - 88 - 89 - 90 - 91 - 92 - 93 - 94 - 95 - 96
97 - 98 - 99 - 100 **Notes:** ______________________________

______________________________________________

______________________________________________

______________________________________________

**Time Drills:** 1 - 2 - 3 - 4 - 5 - 6 - 7 - 8 - 9 - 10 - 11 - 12 - 13 - 14 - 15 - 16
17 - 18 - 19 - 20 - 21 - 22 - 23 - 24 - 25 - 26 - 27 - 28 - 29 - 30 - 31 - 32
33 - 34 - 35 - 36 - 37 - 38 - 39 - 40 - 41 - 42 - 43 - 44 - 45 - 46 - 47 - 48
49 - 50 - 51 - 52 - 53 - 54 - 55 - 56 - 57 - 58 - 59 - 60 - 61 - 62 - 63 - 64
65 - 66 - 67 - 68 - 69 - 70 - 71 - 72 - 73 - 74 - 75 - 76 - 77 - 78 - 79 - 80
81 - 82 - 83 - 84 - 85 - 86 - 87 - 88 - 89 - 90 - 91 - 92 - 93 - 94 - 95 - 96
97 - 98 - 99 - 100 **Notes:** ______________________________

______________________________________________

______________________________________________

______________________________ **End Date:** __________

**DRILL:**____________________________________________

**No. of Targets:**_________ **Distance between Targets:**_____________
**Target Used:**__________________ **Scoring Area:**_________________
**Distance from Shooter:**_____________ **Rounds Required:**___________
**Shooting Position:**______________________________________
**Magazine Change: Yes - No - Multiple After How Many Rounds:**____
**Draw from Concealment: Yes - No Maximum Alloted Time:**________
**Drill Specifics:** ________________________________________

**Holster Position:**_____________ **Hand:** ______ **Start Date:** ________
**Spare Magazine Position:** ___________ **Firearm:** ________________
**Cover Garment:** ______________________________ **Caliber:** ______
**Notes:**__________________________________________________

**Slow Drills:** 1 - 2 - 3 - 4 - 5 - 6 - 7 - 8 - 9 - 10 - 11 - 12 - 13 - 14 - 15 - 16
17 - 18 - 19 - 20 - 21 - 22 - 23 - 24 - 25 - 26 - 27 - 28 - 29 - 30 - 31 - 32
33 - 34 - 35 - 36 - 37 - 38 - 39 - 40 - 41 - 42 - 43 - 44 - 45 - 46 - 47 - 48
49 - 50 - 51 - 52 - 53 - 54 - 55 - 56 - 57 - 58 - 59 - 60 - 61 - 62 - 63 - 64
65 - 66 - 67 - 68 - 69 - 70 - 71 - 72 - 73 - 74 - 75 - 76 - 77 - 78 - 79 - 80
81 - 82 - 83 - 84 - 85 - 86 - 87 - 88 - 89 - 90 - 91 - 92 - 93 - 94 - 95 - 96
97 - 98 - 99 - 100 **Notes:** ________________________________

**Time Drills:** 1 - 2 - 3 - 4 - 5 - 6 - 7 - 8 - 9 - 10 - 11 - 12 - 13 - 14 - 15 - 16
17 - 18 - 19 - 20 - 21 - 22 - 23 - 24 - 25 - 26 - 27 - 28 - 29 - 30 - 31 - 32
33 - 34 - 35 - 36 - 37 - 38 - 39 - 40 - 41 - 42 - 43 - 44 - 45 - 46 - 47 - 48
49 - 50 - 51 - 52 - 53 - 54 - 55 - 56 - 57 - 58 - 59 - 60 - 61 - 62 - 63 - 64
65 - 66 - 67 - 68 - 69 - 70 - 71 - 72 - 73 - 74 - 75 - 76 - 77 - 78 - 79 - 80
81 - 82 - 83 - 84 - 85 - 86 - 87 - 88 - 89 - 90 - 91 - 92 - 93 - 94 - 95 - 96
97 - 98 - 99 - 100 **Notes:** ________________________________

**Time Drills:** 1 - 2 - 3 - 4 - 5 - 6 - 7 - 8 - 9 - 10 - 11 - 12 - 13 - 14 - 15 - 16
17 - 18 - 19 - 20 - 21 - 22 - 23 - 24 - 25 - 26 - 27 - 28 - 29 - 30 - 31 - 32
33 - 34 - 35 - 36 - 37 - 38 - 39 - 40 - 41 - 42 - 43 - 44 - 45 - 46 - 47 - 48
49 - 50 - 51 - 52 - 53 - 54 - 55 - 56 - 57 - 58 - 59 - 60 - 61 - 62 - 63 - 64
65 - 66 - 67 - 68 - 69 - 70 - 71 - 72 - 73 - 74 - 75 - 76 - 77 - 78 - 79 - 80
81 - 82 - 83 - 84 - 85 - 86 - 87 - 88 - 89 - 90 - 91 - 92 - 93 - 94 - 95 - 96
97 - 98 - 99 - 100 **Notes:** ____________________________

**Time Drills:** 1 - 2 - 3 - 4 - 5 - 6 - 7 - 8 - 9 - 10 - 11 - 12 - 13 - 14 - 15 - 16
17 - 18 - 19 - 20 - 21 - 22 - 23 - 24 - 25 - 26 - 27 - 28 - 29 - 30 - 31 - 32
33 - 34 - 35 - 36 - 37 - 38 - 39 - 40 - 41 - 42 - 43 - 44 - 45 - 46 - 47 - 48
49 - 50 - 51 - 52 - 53 - 54 - 55 - 56 - 57 - 58 - 59 - 60 - 61 - 62 - 63 - 64
65 - 66 - 67 - 68 - 69 - 70 - 71 - 72 - 73 - 74 - 75 - 76 - 77 - 78 - 79 - 80
81 - 82 - 83 - 84 - 85 - 86 - 87 - 88 - 89 - 90 - 91 - 92 - 93 - 94 - 95 - 96
97 - 98 - 99 - 100 **Notes:** ____________________________

**Time Drills:** 1 - 2 - 3 - 4 - 5 - 6 - 7 - 8 - 9 - 10 - 11 - 12 - 13 - 14 - 15 - 16
17 - 18 - 19 - 20 - 21 - 22 - 23 - 24 - 25 - 26 - 27 - 28 - 29 - 30 - 31 - 32
33 - 34 - 35 - 36 - 37 - 38 - 39 - 40 - 41 - 42 - 43 - 44 - 45 - 46 - 47 - 48
49 - 50 - 51 - 52 - 53 - 54 - 55 - 56 - 57 - 58 - 59 - 60 - 61 - 62 - 63 - 64
65 - 66 - 67 - 68 - 69 - 70 - 71 - 72 - 73 - 74 - 75 - 76 - 77 - 78 - 79 - 80
81 - 82 - 83 - 84 - 85 - 86 - 87 - 88 - 89 - 90 - 91 - 92 - 93 - 94 - 95 - 96
97 - 98 - 99 - 100 **Notes:** ____________________________

**Time Drills:** 1 - 2 - 3 - 4 - 5 - 6 - 7 - 8 - 9 - 10 - 11 - 12 - 13 - 14 - 15 - 16
17 - 18 - 19 - 20 - 21 - 22 - 23 - 24 - 25 - 26 - 27 - 28 - 29 - 30 - 31 - 32
33 - 34 - 35 - 36 - 37 - 38 - 39 - 40 - 41 - 42 - 43 - 44 - 45 - 46 - 47 - 48
49 - 50 - 51 - 52 - 53 - 54 - 55 - 56 - 57 - 58 - 59 - 60 - 61 - 62 - 63 - 64
65 - 66 - 67 - 68 - 69 - 70 - 71 - 72 - 73 - 74 - 75 - 76 - 77 - 78 - 79 - 80
81 - 82 - 83 - 84 - 85 - 86 - 87 - 88 - 89 - 90 - 91 - 92 - 93 - 94 - 95 - 96
97 - 98 - 99 - 100 **Notes:** ____________________________

**End Date:** ____________

**DRILL:**________________________________________

**No. of Targets:**_________ **Distance between Targets:**____________
**Target Used:**________________ **Scoring Area:**________________
**Distance from Shooter:**____________ **Rounds Required:**__________
**Shooting Position:**____________________________________
**Magazine Change: Yes - No - Multiple After How Many Rounds:**____
**Draw from Concealment: Yes - No Maximum Alloted Time:**________
**Drill Specifics:** ______________________________________

**Holster Position:**____________ **Hand:** ______ **Start Date:** ________
**Spare Magazine Position:** ___________ **Firearm:** ________________
**Cover Garment:** _____________________________ **Caliber:** ______
**Notes:**____________________________________________

**Slow Drills:** 1 - 2 - 3 - 4 - 5 - 6 - 7 - 8 - 9 - 10 - 11 - 12 - 13 - 14 - 15 - 16
17 - 18 - 19 - 20 - 21 - 22 - 23 - 24 - 25 - 26 - 27 - 28 - 29 - 30 - 31 - 32
33 - 34 - 35 - 36 - 37 - 38 - 39 - 40 - 41 - 42 - 43 - 44 - 45 - 46 - 47 - 48
49 - 50 - 51 - 52 - 53 - 54 - 55 - 56 - 57 - 58 - 59 - 60 - 61 - 62 - 63 - 64
65 - 66 - 67 - 68 - 69 - 70 - 71 - 72 - 73 - 74 - 75 - 76 - 77 - 78 - 79 - 80
81 - 82 - 83 - 84 - 85 - 86 - 87 - 88 - 89 - 90 - 91 - 92 - 93 - 94 - 95 - 96
97 - 98 - 99 - 100 **Notes:** __________________________

**Time Drills:** 1 - 2 - 3 - 4 - 5 - 6 - 7 - 8 - 9 - 10 - 11 - 12 - 13 - 14 - 15 - 16
17 - 18 - 19 - 20 - 21 - 22 - 23 - 24 - 25 - 26 - 27 - 28 - 29 - 30 - 31 - 32
33 - 34 - 35 - 36 - 37 - 38 - 39 - 40 - 41 - 42 - 43 - 44 - 45 - 46 - 47 - 48
49 - 50 - 51 - 52 - 53 - 54 - 55 - 56 - 57 - 58 - 59 - 60 - 61 - 62 - 63 - 64
65 - 66 - 67 - 68 - 69 - 70 - 71 - 72 - 73 - 74 - 75 - 76 - 77 - 78 - 79 - 80
81 - 82 - 83 - 84 - 85 - 86 - 87 - 88 - 89 - 90 - 91 - 92 - 93 - 94 - 95 - 96
97 - 98 - 99 - 100 **Notes:** __________________________

**Time Drills:** 1 - 2 - 3 - 4 - 5 - 6 - 7 - 8 - 9 - 10 - 11 - 12 - 13 - 14 - 15 - 16
17 - 18 - 19 - 20 - 21 - 22 - 23 - 24 - 25 - 26 - 27 - 28 - 29 - 30 - 31 - 32
33 - 34 - 35 - 36 - 37 - 38 - 39 - 40 - 41 - 42 - 43 - 44 - 45 - 46 - 47 - 48
49 - 50 - 51 - 52 - 53 - 54 - 55 - 56 - 57 - 58 - 59 - 60 - 61 - 62 - 63 - 64
65 - 66 - 67 - 68 - 69 - 70 - 71 - 72 - 73 - 74 - 75 - 76 - 77 - 78 - 79 - 80
81 - 82 - 83 - 84 - 85 - 86 - 87 - 88 - 89 - 90 - 91 - 92 - 93 - 94 - 95 - 96
97 - 98 - 99 - 100 **Notes:** ______________________________

______________________________________________________

______________________________________________________

______________________________________________________

**Time Drills:** 1 - 2 - 3 - 4 - 5 - 6 - 7 - 8 - 9 - 10 - 11 - 12 - 13 - 14 - 15 - 16
17 - 18 - 19 - 20 - 21 - 22 - 23 - 24 - 25 - 26 - 27 - 28 - 29 - 30 - 31 - 32
33 - 34 - 35 - 36 - 37 - 38 - 39 - 40 - 41 - 42 - 43 - 44 - 45 - 46 - 47 - 48
49 - 50 - 51 - 52 - 53 - 54 - 55 - 56 - 57 - 58 - 59 - 60 - 61 - 62 - 63 - 64
65 - 66 - 67 - 68 - 69 - 70 - 71 - 72 - 73 - 74 - 75 - 76 - 77 - 78 - 79 - 80
81 - 82 - 83 - 84 - 85 - 86 - 87 - 88 - 89 - 90 - 91 - 92 - 93 - 94 - 95 - 96
97 - 98 - 99 - 100 **Notes:** ______________________________

______________________________________________________

______________________________________________________

______________________________________________________

**Time Drills:** 1 - 2 - 3 - 4 - 5 - 6 - 7 - 8 - 9 - 10 - 11 - 12 - 13 - 14 - 15 - 16
17 - 18 - 19 - 20 - 21 - 22 - 23 - 24 - 25 - 26 - 27 - 28 - 29 - 30 - 31 - 32
33 - 34 - 35 - 36 - 37 - 38 - 39 - 40 - 41 - 42 - 43 - 44 - 45 - 46 - 47 - 48
49 - 50 - 51 - 52 - 53 - 54 - 55 - 56 - 57 - 58 - 59 - 60 - 61 - 62 - 63 - 64
65 - 66 - 67 - 68 - 69 - 70 - 71 - 72 - 73 - 74 - 75 - 76 - 77 - 78 - 79 - 80
81 - 82 - 83 - 84 - 85 - 86 - 87 - 88 - 89 - 90 - 91 - 92 - 93 - 94 - 95 - 96
97 - 98 - 99 - 100 **Notes:** ______________________________

______________________________________________________

______________________________________________________

______________________________________________________

**Time Drills:** 1 - 2 - 3 - 4 - 5 - 6 - 7 - 8 - 9 - 10 - 11 - 12 - 13 - 14 - 15 - 16
17 - 18 - 19 - 20 - 21 - 22 - 23 - 24 - 25 - 26 - 27 - 28 - 29 - 30 - 31 - 32
33 - 34 - 35 - 36 - 37 - 38 - 39 - 40 - 41 - 42 - 43 - 44 - 45 - 46 - 47 - 48
49 - 50 - 51 - 52 - 53 - 54 - 55 - 56 - 57 - 58 - 59 - 60 - 61 - 62 - 63 - 64
65 - 66 - 67 - 68 - 69 - 70 - 71 - 72 - 73 - 74 - 75 - 76 - 77 - 78 - 79 - 80
81 - 82 - 83 - 84 - 85 - 86 - 87 - 88 - 89 - 90 - 91 - 92 - 93 - 94 - 95 - 96
97 - 98 - 99 - 100 **Notes:** ______________________________

______________________________________________________

______________________________________________________

________________________________________ **End Date:** ____________

**DRILL:**________________________________________

**No. of Targets:**__________ **Distance between Targets:**______________
**Target Used:**________________ **Scoring Area:**________________
**Distance from Shooter:**____________ **Rounds Required:**__________
**Shooting Position:**__________________________________
**Magazine Change: Yes - No - Multiple After How Many Rounds:**____
**Draw from Concealment: Yes - No Maximum Alloted Time:**________
**Drill Specifics:** _____________________________________

________________________________________________

________________________________________________

**Holster Position:**____________ **Hand:** ______ **Start Date:** ________
**Spare Magazine Position:** __________ **Firearm:** ______________
**Cover Garment:** ______________________________ **Caliber:** ______
**Notes:**____________________________________________

________________________________________________

________________________________________________

**Slow Drills:** 1 - 2 - 3 - 4 - 5 - 6 - 7 - 8 - 9 - 10 - 11 - 12 - 13 - 14 - 15 - 16
17 - 18 - 19 - 20 - 21 - 22 - 23 - 24 - 25 - 26 - 27 - 28 - 29 - 30 - 31 - 32
33 - 34 - 35 - 36 - 37 - 38 - 39 - 40 - 41 - 42 - 43 - 44 - 45 - 46 - 47 - 48
49 - 50 - 51 - 52 - 53 - 54 - 55 - 56 - 57 - 58 - 59 - 60 - 61 - 62 - 63 - 64
65 - 66 - 67 - 68 - 69 - 70 - 71 - 72 - 73 - 74 - 75 - 76 - 77 - 78 - 79 - 80
81 - 82 - 83 - 84 - 85 - 86 - 87 - 88 - 89 - 90 - 91 - 92 - 93 - 94 - 95 - 96
97 - 98 - 99 - 100 **Notes:** ____________________________

________________________________________________

________________________________________________

________________________________________________

**Time Drills:** 1 - 2 - 3 - 4 - 5 - 6 - 7 - 8 - 9 - 10 - 11 - 12 - 13 - 14 - 15 - 16
17 - 18 - 19 - 20 - 21 - 22 - 23 - 24 - 25 - 26 - 27 - 28 - 29 - 30 - 31 - 32
33 - 34 - 35 - 36 - 37 - 38 - 39 - 40 - 41 - 42 - 43 - 44 - 45 - 46 - 47 - 48
49 - 50 - 51 - 52 - 53 - 54 - 55 - 56 - 57 - 58 - 59 - 60 - 61 - 62 - 63 - 64
65 - 66 - 67 - 68 - 69 - 70 - 71 - 72 - 73 - 74 - 75 - 76 - 77 - 78 - 79 - 80
81 - 82 - 83 - 84 - 85 - 86 - 87 - 88 - 89 - 90 - 91 - 92 - 93 - 94 - 95 - 96
97 - 98 - 99 - 100 **Notes:** ____________________________

________________________________________________

________________________________________________

________________________________________________

**Time Drills:** 1 - 2 - 3 - 4 - 5 - 6 - 7 - 8 - 9 - 10 - 11 - 12 - 13 - 14 - 15 - 16
17 - 18 - 19 - 20 - 21 - 22 - 23 - 24 - 25 - 26 - 27 - 28 - 29 - 30 - 31 - 32
33 - 34 - 35 - 36 - 37 - 38 - 39 - 40 - 41 - 42 - 43 - 44 - 45 - 46 - 47 - 48
49 - 50 - 51 - 52 - 53 - 54 - 55 - 56 - 57 - 58 - 59 - 60 - 61 - 62 - 63 - 64
65 - 66 - 67 - 68 - 69 - 70 - 71 - 72 - 73 - 74 - 75 - 76 - 77 - 78 - 79 - 80
81 - 82 - 83 - 84 - 85 - 86 - 87 - 88 - 89 - 90 - 91 - 92 - 93 - 94 - 95 - 96
97 - 98 - 99 - 100 **Notes:** ______________________________

______________________________________________________

______________________________________________________

______________________________________________________

**Time Drills:** 1 - 2 - 3 - 4 - 5 - 6 - 7 - 8 - 9 - 10 - 11 - 12 - 13 - 14 - 15 - 16
17 - 18 - 19 - 20 - 21 - 22 - 23 - 24 - 25 - 26 - 27 - 28 - 29 - 30 - 31 - 32
33 - 34 - 35 - 36 - 37 - 38 - 39 - 40 - 41 - 42 - 43 - 44 - 45 - 46 - 47 - 48
49 - 50 - 51 - 52 - 53 - 54 - 55 - 56 - 57 - 58 - 59 - 60 - 61 - 62 - 63 - 64
65 - 66 - 67 - 68 - 69 - 70 - 71 - 72 - 73 - 74 - 75 - 76 - 77 - 78 - 79 - 80
81 - 82 - 83 - 84 - 85 - 86 - 87 - 88 - 89 - 90 - 91 - 92 - 93 - 94 - 95 - 96
97 - 98 - 99 - 100 **Notes:** ______________________________

______________________________________________________

______________________________________________________

______________________________________________________

**Time Drills:** 1 - 2 - 3 - 4 - 5 - 6 - 7 - 8 - 9 - 10 - 11 - 12 - 13 - 14 - 15 - 16
17 - 18 - 19 - 20 - 21 - 22 - 23 - 24 - 25 - 26 - 27 - 28 - 29 - 30 - 31 - 32
33 - 34 - 35 - 36 - 37 - 38 - 39 - 40 - 41 - 42 - 43 - 44 - 45 - 46 - 47 - 48
49 - 50 - 51 - 52 - 53 - 54 - 55 - 56 - 57 - 58 - 59 - 60 - 61 - 62 - 63 - 64
65 - 66 - 67 - 68 - 69 - 70 - 71 - 72 - 73 - 74 - 75 - 76 - 77 - 78 - 79 - 80
81 - 82 - 83 - 84 - 85 - 86 - 87 - 88 - 89 - 90 - 91 - 92 - 93 - 94 - 95 - 96
97 - 98 - 99 - 100 **Notes:** ______________________________

______________________________________________________

______________________________________________________

______________________________________________________

**Time Drills:** 1 - 2 - 3 - 4 - 5 - 6 - 7 - 8 - 9 - 10 - 11 - 12 - 13 - 14 - 15 - 16
17 - 18 - 19 - 20 - 21 - 22 - 23 - 24 - 25 - 26 - 27 - 28 - 29 - 30 - 31 - 32
33 - 34 - 35 - 36 - 37 - 38 - 39 - 40 - 41 - 42 - 43 - 44 - 45 - 46 - 47 - 48
49 - 50 - 51 - 52 - 53 - 54 - 55 - 56 - 57 - 58 - 59 - 60 - 61 - 62 - 63 - 64
65 - 66 - 67 - 68 - 69 - 70 - 71 - 72 - 73 - 74 - 75 - 76 - 77 - 78 - 79 - 80
81 - 82 - 83 - 84 - 85 - 86 - 87 - 88 - 89 - 90 - 91 - 92 - 93 - 94 - 95 - 96
97 - 98 - 99 - 100 **Notes:** ______________________________

______________________________________________________

______________________________________________________

______________________________________ **End Date:** ____________

**DRILL:**____________________________________________

**No. of Targets:**_________ **Distance between Targets:**_______________
**Target Used:**___________________ **Scoring Area:**__________________
**Distance from Shooter:**______________ **Rounds Required:**____________
**Shooting Position:**___________________________________________
**Magazine Change: Yes - No - Multiple After How Many Rounds:**____
**Draw from Concealment: Yes - No Maximum Alloted Time:**________
**Drill Specifics:** ______________________________________________

____________________________________________________________

____________________________________________________________

**Holster Position:**______________ **Hand:** ______ **Start Date:** _________
**Spare Magazine Position:** ___________ **Firearm:** ___________________
**Cover Garment:** _________________________________ **Caliber:** ______
**Notes:**________________________________________________________

____________________________________________________________

____________________________________________________________

**Slow Drills:** 1 - 2 - 3 - 4 - 5 - 6 - 7 - 8 - 9 - 10 - 11 - 12 - 13 - 14 - 15 - 16
17 - 18 - 19 - 20 - 21 - 22 - 23 - 24 - 25 - 26 - 27 - 28 - 29 - 30 - 31 - 32
33 - 34 - 35 - 36 - 37 - 38 - 39 - 40 - 41 - 42 - 43 - 44 - 45 - 46 - 47 - 48
49 - 50 - 51 - 52 - 53 - 54 - 55 - 56 - 57 - 58 - 59 - 60 - 61 - 62 - 63 - 64
65 - 66 - 67 - 68 - 69 - 70 - 71 - 72 - 73 - 74 - 75 - 76 - 77 - 78 - 79 - 80
81 - 82 - 83 - 84 - 85 - 86 - 87 - 88 - 89 - 90 - 91 - 92 - 93 - 94 - 95 - 96
97 - 98 - 99 - 100 **Notes:** __________________________________

____________________________________________________________

____________________________________________________________

____________________________________________________________

**Time Drills:** 1 - 2 - 3 - 4 - 5 - 6 - 7 - 8 - 9 - 10 - 11 - 12 - 13 - 14 - 15 - 16
17 - 18 - 19 - 20 - 21 - 22 - 23 - 24 - 25 - 26 - 27 - 28 - 29 - 30 - 31 - 32
33 - 34 - 35 - 36 - 37 - 38 - 39 - 40 - 41 - 42 - 43 - 44 - 45 - 46 - 47 - 48
49 - 50 - 51 - 52 - 53 - 54 - 55 - 56 - 57 - 58 - 59 - 60 - 61 - 62 - 63 - 64
65 - 66 - 67 - 68 - 69 - 70 - 71 - 72 - 73 - 74 - 75 - 76 - 77 - 78 - 79 - 80
81 - 82 - 83 - 84 - 85 - 86 - 87 - 88 - 89 - 90 - 91 - 92 - 93 - 94 - 95 - 96
97 - 98 - 99 - 100 **Notes:** __________________________________

____________________________________________________________

____________________________________________________________

____________________________________________________________

**Time Drills:** 1 - 2 - 3 - 4 - 5 - 6 - 7 - 8 - 9 - 10 - 11 - 12 - 13 - 14 - 15 - 16
17 - 18 - 19 - 20 - 21 - 22 - 23 - 24 - 25 - 26 - 27 - 28 - 29 - 30 - 31 - 32
33 - 34 - 35 - 36 - 37 - 38 - 39 - 40 - 41 - 42 - 43 - 44 - 45 - 46 - 47 - 48
49 - 50 - 51 - 52 - 53 - 54 - 55 - 56 - 57 - 58 - 59 - 60 - 61 - 62 - 63 - 64
65 - 66 - 67 - 68 - 69 - 70 - 71 - 72 - 73 - 74 - 75 - 76 - 77 - 78 - 79 - 80
81 - 82 - 83 - 84 - 85 - 86 - 87 - 88 - 89 - 90 - 91 - 92 - 93 - 94 - 95 - 96
97 - 98 - 99 - 100 **Notes:** ____________________

____________________

____________________

____________________

**Time Drills:** 1 - 2 - 3 - 4 - 5 - 6 - 7 - 8 - 9 - 10 - 11 - 12 - 13 - 14 - 15 - 16
17 - 18 - 19 - 20 - 21 - 22 - 23 - 24 - 25 - 26 - 27 - 28 - 29 - 30 - 31 - 32
33 - 34 - 35 - 36 - 37 - 38 - 39 - 40 - 41 - 42 - 43 - 44 - 45 - 46 - 47 - 48
49 - 50 - 51 - 52 - 53 - 54 - 55 - 56 - 57 - 58 - 59 - 60 - 61 - 62 - 63 - 64
65 - 66 - 67 - 68 - 69 - 70 - 71 - 72 - 73 - 74 - 75 - 76 - 77 - 78 - 79 - 80
81 - 82 - 83 - 84 - 85 - 86 - 87 - 88 - 89 - 90 - 91 - 92 - 93 - 94 - 95 - 96
97 - 98 - 99 - 100 **Notes:** ____________________

____________________

____________________

____________________

**Time Drills:** 1 - 2 - 3 - 4 - 5 - 6 - 7 - 8 - 9 - 10 - 11 - 12 - 13 - 14 - 15 - 16
17 - 18 - 19 - 20 - 21 - 22 - 23 - 24 - 25 - 26 - 27 - 28 - 29 - 30 - 31 - 32
33 - 34 - 35 - 36 - 37 - 38 - 39 - 40 - 41 - 42 - 43 - 44 - 45 - 46 - 47 - 48
49 - 50 - 51 - 52 - 53 - 54 - 55 - 56 - 57 - 58 - 59 - 60 - 61 - 62 - 63 - 64
65 - 66 - 67 - 68 - 69 - 70 - 71 - 72 - 73 - 74 - 75 - 76 - 77 - 78 - 79 - 80
81 - 82 - 83 - 84 - 85 - 86 - 87 - 88 - 89 - 90 - 91 - 92 - 93 - 94 - 95 - 96
97 - 98 - 99 - 100 **Notes:** ____________________

____________________

____________________

____________________

**Time Drills:** 1 - 2 - 3 - 4 - 5 - 6 - 7 - 8 - 9 - 10 - 11 - 12 - 13 - 14 - 15 - 16
17 - 18 - 19 - 20 - 21 - 22 - 23 - 24 - 25 - 26 - 27 - 28 - 29 - 30 - 31 - 32
33 - 34 - 35 - 36 - 37 - 38 - 39 - 40 - 41 - 42 - 43 - 44 - 45 - 46 - 47 - 48
49 - 50 - 51 - 52 - 53 - 54 - 55 - 56 - 57 - 58 - 59 - 60 - 61 - 62 - 63 - 64
65 - 66 - 67 - 68 - 69 - 70 - 71 - 72 - 73 - 74 - 75 - 76 - 77 - 78 - 79 - 80
81 - 82 - 83 - 84 - 85 - 86 - 87 - 88 - 89 - 90 - 91 - 92 - 93 - 94 - 95 - 96
97 - 98 - 99 - 100 **Notes:** ____________________

____________________

____________________

____________________ **End Date:** __________

**DRILL:**____________________________________________

**No. of Targets:**_________ **Distance between Targets:**_______________
**Target Used:**___________________ **Scoring Area:**___________________
**Distance from Shooter:**______________ **Rounds Required:**____________
**Shooting Position:**___________________________________________
**Magazine Change: Yes - No - Multiple After How Many Rounds:**____
**Draw from Concealment: Yes - No Maximum Alloted Time:**________
**Drill Specifics:** _____________________________________________

**Holster Position:**______________ **Hand:** ______ **Start Date:** _________
**Spare Magazine Position:** ____________ **Firearm:** ___________________
**Cover Garment:** __________________________________ **Caliber:** ______
**Notes:**_______________________________________________________

**Slow Drills:** 1 - 2 - 3 - 4 - 5 - 6 - 7 - 8 - 9 - 10 - 11 - 12 - 13 - 14 - 15 - 16
17 - 18 - 19 - 20 - 21 - 22 - 23 - 24 - 25 - 26 - 27 - 28 - 29 - 30 - 31 - 32
33 - 34 - 35 - 36 - 37 - 38 - 39 - 40 - 41 - 42 - 43 - 44 - 45 - 46 - 47 - 48
49 - 50 - 51 - 52 - 53 - 54 - 55 - 56 - 57 - 58 - 59 - 60 - 61 - 62 - 63 - 64
65 - 66 - 67 - 68 - 69 - 70 - 71 - 72 - 73 - 74 - 75 - 76 - 77 - 78 - 79 - 80
81 - 82 - 83 - 84 - 85 - 86 - 87 - 88 - 89 - 90 - 91 - 92 - 93 - 94 - 95 - 96
97 - 98 - 99 - 100 **Notes:** ________________________________

**Time Drills:** 1 - 2 - 3 - 4 - 5 - 6 - 7 - 8 - 9 - 10 - 11 - 12 - 13 - 14 - 15 - 16
17 - 18 - 19 - 20 - 21 - 22 - 23 - 24 - 25 - 26 - 27 - 28 - 29 - 30 - 31 - 32
33 - 34 - 35 - 36 - 37 - 38 - 39 - 40 - 41 - 42 - 43 - 44 - 45 - 46 - 47 - 48
49 - 50 - 51 - 52 - 53 - 54 - 55 - 56 - 57 - 58 - 59 - 60 - 61 - 62 - 63 - 64
65 - 66 - 67 - 68 - 69 - 70 - 71 - 72 - 73 - 74 - 75 - 76 - 77 - 78 - 79 - 80
81 - 82 - 83 - 84 - 85 - 86 - 87 - 88 - 89 - 90 - 91 - 92 - 93 - 94 - 95 - 96
97 - 98 - 99 - 100 **Notes:** ________________________________

**Time Drills:** 1 - 2 - 3 - 4 - 5 - 6 - 7 - 8 - 9 - 10 - 11 - 12 - 13 - 14 - 15 - 16
17 - 18 - 19 - 20 - 21 - 22 - 23 - 24 - 25 - 26 - 27 - 28 - 29 - 30 - 31 - 32
33 - 34 - 35 - 36 - 37 - 38 - 39 - 40 - 41 - 42 - 43 - 44 - 45 - 46 - 47 - 48
49 - 50 - 51 - 52 - 53 - 54 - 55 - 56 - 57 - 58 - 59 - 60 - 61 - 62 - 63 - 64
65 - 66 - 67 - 68 - 69 - 70 - 71 - 72 - 73 - 74 - 75 - 76 - 77 - 78 - 79 - 80
81 - 82 - 83 - 84 - 85 - 86 - 87 - 88 - 89 - 90 - 91 - 92 - 93 - 94 - 95 - 96
97 - 98 - 99 - 100 **Notes:** ______________________________

______________________________________________________________

______________________________________________________________

______________________________________________________________

**Time Drills:** 1 - 2 - 3 - 4 - 5 - 6 - 7 - 8 - 9 - 10 - 11 - 12 - 13 - 14 - 15 - 16
17 - 18 - 19 - 20 - 21 - 22 - 23 - 24 - 25 - 26 - 27 - 28 - 29 - 30 - 31 - 32
33 - 34 - 35 - 36 - 37 - 38 - 39 - 40 - 41 - 42 - 43 - 44 - 45 - 46 - 47 - 48
49 - 50 - 51 - 52 - 53 - 54 - 55 - 56 - 57 - 58 - 59 - 60 - 61 - 62 - 63 - 64
65 - 66 - 67 - 68 - 69 - 70 - 71 - 72 - 73 - 74 - 75 - 76 - 77 - 78 - 79 - 80
81 - 82 - 83 - 84 - 85 - 86 - 87 - 88 - 89 - 90 - 91 - 92 - 93 - 94 - 95 - 96
97 - 98 - 99 - 100 **Notes:** ______________________________

______________________________________________________________

______________________________________________________________

______________________________________________________________

**Time Drills:** 1 - 2 - 3 - 4 - 5 - 6 - 7 - 8 - 9 - 10 - 11 - 12 - 13 - 14 - 15 - 16
17 - 18 - 19 - 20 - 21 - 22 - 23 - 24 - 25 - 26 - 27 - 28 - 29 - 30 - 31 - 32
33 - 34 - 35 - 36 - 37 - 38 - 39 - 40 - 41 - 42 - 43 - 44 - 45 - 46 - 47 - 48
49 - 50 - 51 - 52 - 53 - 54 - 55 - 56 - 57 - 58 - 59 - 60 - 61 - 62 - 63 - 64
65 - 66 - 67 - 68 - 69 - 70 - 71 - 72 - 73 - 74 - 75 - 76 - 77 - 78 - 79 - 80
81 - 82 - 83 - 84 - 85 - 86 - 87 - 88 - 89 - 90 - 91 - 92 - 93 - 94 - 95 - 96
97 - 98 - 99 - 100 **Notes:** ______________________________

______________________________________________________________

______________________________________________________________

______________________________________________________________

**Time Drills:** 1 - 2 - 3 - 4 - 5 - 6 - 7 - 8 - 9 - 10 - 11 - 12 - 13 - 14 - 15 - 16
17 - 18 - 19 - 20 - 21 - 22 - 23 - 24 - 25 - 26 - 27 - 28 - 29 - 30 - 31 - 32
33 - 34 - 35 - 36 - 37 - 38 - 39 - 40 - 41 - 42 - 43 - 44 - 45 - 46 - 47 - 48
49 - 50 - 51 - 52 - 53 - 54 - 55 - 56 - 57 - 58 - 59 - 60 - 61 - 62 - 63 - 64
65 - 66 - 67 - 68 - 69 - 70 - 71 - 72 - 73 - 74 - 75 - 76 - 77 - 78 - 79 - 80
81 - 82 - 83 - 84 - 85 - 86 - 87 - 88 - 89 - 90 - 91 - 92 - 93 - 94 - 95 - 96
97 - 98 - 99 - 100 **Notes:** ______________________________

______________________________________________________________

______________________________________________________________

____________________________________________ **End Date:** ____________

**DRILL:**________________________________________

**No. of Targets:**__________ **Distance between Targets:**_______________
**Target Used:**____________________ **Scoring Area:**____________________
**Distance from Shooter:**_______________ **Rounds Required:**_____________
**Shooting Position:**_____________________________________________
**Magazine Change: Yes - No - Multiple After How Many Rounds:**____
**Draw from Concealment: Yes - No Maximum Alloted Time:**_________
**Drill Specifics:** ___________________________________________________

_________________________________________________________________

_________________________________________________________________

**Holster Position:**_______________ **Hand:** ______ **Start Date:** __________
**Spare Magazine Position:** _____________ **Firearm:** _____________________
**Cover Garment:** ___________________________________ **Caliber:** ______
**Notes:**___________________________________________________________

_________________________________________________________________

_________________________________________________________________

**Slow Drills:** 1 - 2 - 3 - 4 - 5 - 6 - 7 - 8 - 9 - 10 - 11 - 12 - 13 - 14 - 15 - 16
17 - 18 - 19 - 20 - 21 - 22 - 23 - 24 - 25 - 26 - 27 - 28 - 29 - 30 - 31 - 32
33 - 34 - 35 - 36 - 37 - 38 - 39 - 40 - 41 - 42 - 43 - 44 - 45 - 46 - 47 - 48
49 - 50 - 51 - 52 - 53 - 54 - 55 - 56 - 57 - 58 - 59 - 60 - 61 - 62 - 63 - 64
65 - 66 - 67 - 68 - 69 - 70 - 71 - 72 - 73 - 74 - 75 - 76 - 77 - 78 - 79 - 80
81 - 82 - 83 - 84 - 85 - 86 - 87 - 88 - 89 - 90 - 91 - 92 - 93 - 94 - 95 - 96
97 - 98 - 99 - 100 **Notes:** ____________________________________

_________________________________________________________________

_________________________________________________________________

_________________________________________________________________

**Time Drills:** 1 - 2 - 3 - 4 - 5 - 6 - 7 - 8 - 9 - 10 - 11 - 12 - 13 - 14 - 15 - 16
17 - 18 - 19 - 20 - 21 - 22 - 23 - 24 - 25 - 26 - 27 - 28 - 29 - 30 - 31 - 32
33 - 34 - 35 - 36 - 37 - 38 - 39 - 40 - 41 - 42 - 43 - 44 - 45 - 46 - 47 - 48
49 - 50 - 51 - 52 - 53 - 54 - 55 - 56 - 57 - 58 - 59 - 60 - 61 - 62 - 63 - 64
65 - 66 - 67 - 68 - 69 - 70 - 71 - 72 - 73 - 74 - 75 - 76 - 77 - 78 - 79 - 80
81 - 82 - 83 - 84 - 85 - 86 - 87 - 88 - 89 - 90 - 91 - 92 - 93 - 94 - 95 - 96
97 - 98 - 99 - 100 **Notes:** ____________________________________

_________________________________________________________________

_________________________________________________________________

_________________________________________________________________

**Time Drills:** 1 - 2 - 3 - 4 - 5 - 6 - 7 - 8 - 9 - 10 - 11 - 12 - 13 - 14 - 15 - 16
17 - 18 - 19 - 20 - 21 - 22 - 23 - 24 - 25 - 26 - 27 - 28 - 29 - 30 - 31 - 32
33 - 34 - 35 - 36 - 37 - 38 - 39 - 40 - 41 - 42 - 43 - 44 - 45 - 46 - 47 - 48
49 - 50 - 51 - 52 - 53 - 54 - 55 - 56 - 57 - 58 - 59 - 60 - 61 - 62 - 63 - 64
65 - 66 - 67 - 68 - 69 - 70 - 71 - 72 - 73 - 74 - 75 - 76 - 77 - 78 - 79 - 80
81 - 82 - 83 - 84 - 85 - 86 - 87 - 88 - 89 - 90 - 91 - 92 - 93 - 94 - 95 - 96
97 - 98 - 99 - 100 **Notes:** ______________________________

**Time Drills:** 1 - 2 - 3 - 4 - 5 - 6 - 7 - 8 - 9 - 10 - 11 - 12 - 13 - 14 - 15 - 16
17 - 18 - 19 - 20 - 21 - 22 - 23 - 24 - 25 - 26 - 27 - 28 - 29 - 30 - 31 - 32
33 - 34 - 35 - 36 - 37 - 38 - 39 - 40 - 41 - 42 - 43 - 44 - 45 - 46 - 47 - 48
49 - 50 - 51 - 52 - 53 - 54 - 55 - 56 - 57 - 58 - 59 - 60 - 61 - 62 - 63 - 64
65 - 66 - 67 - 68 - 69 - 70 - 71 - 72 - 73 - 74 - 75 - 76 - 77 - 78 - 79 - 80
81 - 82 - 83 - 84 - 85 - 86 - 87 - 88 - 89 - 90 - 91 - 92 - 93 - 94 - 95 - 96
97 - 98 - 99 - 100 **Notes:** ______________________________

**Time Drills:** 1 - 2 - 3 - 4 - 5 - 6 - 7 - 8 - 9 - 10 - 11 - 12 - 13 - 14 - 15 - 16
17 - 18 - 19 - 20 - 21 - 22 - 23 - 24 - 25 - 26 - 27 - 28 - 29 - 30 - 31 - 32
33 - 34 - 35 - 36 - 37 - 38 - 39 - 40 - 41 - 42 - 43 - 44 - 45 - 46 - 47 - 48
49 - 50 - 51 - 52 - 53 - 54 - 55 - 56 - 57 - 58 - 59 - 60 - 61 - 62 - 63 - 64
65 - 66 - 67 - 68 - 69 - 70 - 71 - 72 - 73 - 74 - 75 - 76 - 77 - 78 - 79 - 80
81 - 82 - 83 - 84 - 85 - 86 - 87 - 88 - 89 - 90 - 91 - 92 - 93 - 94 - 95 - 96
97 - 98 - 99 - 100 **Notes:** ______________________________

**Time Drills:** 1 - 2 - 3 - 4 - 5 - 6 - 7 - 8 - 9 - 10 - 11 - 12 - 13 - 14 - 15 - 16
17 - 18 - 19 - 20 - 21 - 22 - 23 - 24 - 25 - 26 - 27 - 28 - 29 - 30 - 31 - 32
33 - 34 - 35 - 36 - 37 - 38 - 39 - 40 - 41 - 42 - 43 - 44 - 45 - 46 - 47 - 48
49 - 50 - 51 - 52 - 53 - 54 - 55 - 56 - 57 - 58 - 59 - 60 - 61 - 62 - 63 - 64
65 - 66 - 67 - 68 - 69 - 70 - 71 - 72 - 73 - 74 - 75 - 76 - 77 - 78 - 79 - 80
81 - 82 - 83 - 84 - 85 - 86 - 87 - 88 - 89 - 90 - 91 - 92 - 93 - 94 - 95 - 96
97 - 98 - 99 - 100 **Notes:** ______________________________

**End Date:** __________

**DRILL:**________________________________________________

**No. of Targets:**_________ **Distance between Targets:**_______________
**Target Used:**__________________ **Scoring Area:**__________________
**Distance from Shooter:**_____________ **Rounds Required:**___________
**Shooting Position:**_____________________________________________
**Magazine Change: Yes - No - Multiple After How Many Rounds:**____
**Draw from Concealment: Yes - No Maximum Alloted Time:**________
**Drill Specifics:** _____________________________________________

**Holster Position:**_____________ **Hand:** ______ **Start Date:** _________
**Spare Magazine Position:** ___________ **Firearm:** __________________
**Cover Garment:** ________________________________ **Caliber:** ______
**Notes:**______________________________________________________

**Slow Drills:** 1 - 2 - 3 - 4 - 5 - 6 - 7 - 8 - 9 - 10 - 11 - 12 - 13 - 14 - 15 - 16
17 - 18 - 19 - 20 - 21 - 22 - 23 - 24 - 25 - 26 - 27 - 28 - 29 - 30 - 31 - 32
33 - 34 - 35 - 36 - 37 - 38 - 39 - 40 - 41 - 42 - 43 - 44 - 45 - 46 - 47 - 48
49 - 50 - 51 - 52 - 53 - 54 - 55 - 56 - 57 - 58 - 59 - 60 - 61 - 62 - 63 - 64
65 - 66 - 67 - 68 - 69 - 70 - 71 - 72 - 73 - 74 - 75 - 76 - 77 - 78 - 79 - 80
81 - 82 - 83 - 84 - 85 - 86 - 87 - 88 - 89 - 90 - 91 - 92 - 93 - 94 - 95 - 96
97 - 98 - 99 - 100 **Notes:** __________________________________

**Time Drills:** 1 - 2 - 3 - 4 - 5 - 6 - 7 - 8 - 9 - 10 - 11 - 12 - 13 - 14 - 15 - 16
17 - 18 - 19 - 20 - 21 - 22 - 23 - 24 - 25 - 26 - 27 - 28 - 29 - 30 - 31 - 32
33 - 34 - 35 - 36 - 37 - 38 - 39 - 40 - 41 - 42 - 43 - 44 - 45 - 46 - 47 - 48
49 - 50 - 51 - 52 - 53 - 54 - 55 - 56 - 57 - 58 - 59 - 60 - 61 - 62 - 63 - 64
65 - 66 - 67 - 68 - 69 - 70 - 71 - 72 - 73 - 74 - 75 - 76 - 77 - 78 - 79 - 80
81 - 82 - 83 - 84 - 85 - 86 - 87 - 88 - 89 - 90 - 91 - 92 - 93 - 94 - 95 - 96
97 - 98 - 99 - 100 **Notes:** __________________________________

**Time Drills:** 1 - 2 - 3 - 4 - 5 - 6 - 7 - 8 - 9 - 10 - 11 - 12 - 13 - 14 - 15 - 16
17 - 18 - 19 - 20 - 21 - 22 - 23 - 24 - 25 - 26 - 27 - 28 - 29 - 30 - 31 - 32
33 - 34 - 35 - 36 - 37 - 38 - 39 - 40 - 41 - 42 - 43 - 44 - 45 - 46 - 47 - 48
49 - 50 - 51 - 52 - 53 - 54 - 55 - 56 - 57 - 58 - 59 - 60 - 61 - 62 - 63 - 64
65 - 66 - 67 - 68 - 69 - 70 - 71 - 72 - 73 - 74 - 75 - 76 - 77 - 78 - 79 - 80
81 - 82 - 83 - 84 - 85 - 86 - 87 - 88 - 89 - 90 - 91 - 92 - 93 - 94 - 95 - 96
97 - 98 - 99 - 100 **Notes:** ____________________

**Time Drills:** 1 - 2 - 3 - 4 - 5 - 6 - 7 - 8 - 9 - 10 - 11 - 12 - 13 - 14 - 15 - 16
17 - 18 - 19 - 20 - 21 - 22 - 23 - 24 - 25 - 26 - 27 - 28 - 29 - 30 - 31 - 32
33 - 34 - 35 - 36 - 37 - 38 - 39 - 40 - 41 - 42 - 43 - 44 - 45 - 46 - 47 - 48
49 - 50 - 51 - 52 - 53 - 54 - 55 - 56 - 57 - 58 - 59 - 60 - 61 - 62 - 63 - 64
65 - 66 - 67 - 68 - 69 - 70 - 71 - 72 - 73 - 74 - 75 - 76 - 77 - 78 - 79 - 80
81 - 82 - 83 - 84 - 85 - 86 - 87 - 88 - 89 - 90 - 91 - 92 - 93 - 94 - 95 - 96
97 - 98 - 99 - 100 **Notes:** ____________________

**Time Drills:** 1 - 2 - 3 - 4 - 5 - 6 - 7 - 8 - 9 - 10 - 11 - 12 - 13 - 14 - 15 - 16
17 - 18 - 19 - 20 - 21 - 22 - 23 - 24 - 25 - 26 - 27 - 28 - 29 - 30 - 31 - 32
33 - 34 - 35 - 36 - 37 - 38 - 39 - 40 - 41 - 42 - 43 - 44 - 45 - 46 - 47 - 48
49 - 50 - 51 - 52 - 53 - 54 - 55 - 56 - 57 - 58 - 59 - 60 - 61 - 62 - 63 - 64
65 - 66 - 67 - 68 - 69 - 70 - 71 - 72 - 73 - 74 - 75 - 76 - 77 - 78 - 79 - 80
81 - 82 - 83 - 84 - 85 - 86 - 87 - 88 - 89 - 90 - 91 - 92 - 93 - 94 - 95 - 96
97 - 98 - 99 - 100 **Notes:** ____________________

**Time Drills:** 1 - 2 - 3 - 4 - 5 - 6 - 7 - 8 - 9 - 10 - 11 - 12 - 13 - 14 - 15 - 16
17 - 18 - 19 - 20 - 21 - 22 - 23 - 24 - 25 - 26 - 27 - 28 - 29 - 30 - 31 - 32
33 - 34 - 35 - 36 - 37 - 38 - 39 - 40 - 41 - 42 - 43 - 44 - 45 - 46 - 47 - 48
49 - 50 - 51 - 52 - 53 - 54 - 55 - 56 - 57 - 58 - 59 - 60 - 61 - 62 - 63 - 64
65 - 66 - 67 - 68 - 69 - 70 - 71 - 72 - 73 - 74 - 75 - 76 - 77 - 78 - 79 - 80
81 - 82 - 83 - 84 - 85 - 86 - 87 - 88 - 89 - 90 - 91 - 92 - 93 - 94 - 95 - 96
97 - 98 - 99 - 100 **Notes:** ____________________

**End Date:** ____________

**DRILL:**________________________________________

**No. of Targets:**________ **Distance between Targets:**____________
**Target Used:**________________ **Scoring Area:**________________
**Distance from Shooter:**____________ **Rounds Required:**__________
**Shooting Position:**______________________________________
**Magazine Change: Yes - No - Multiple After How Many Rounds:**____
**Draw from Concealment: Yes - No Maximum Alloted Time:**________
**Drill Specifics:** ________________________________________

**Holster Position:**____________ **Hand:** ______ **Start Date:** ________
**Spare Magazine Position:** __________ **Firearm:** ______________
**Cover Garment:** ______________________________ **Caliber:** ______
**Notes:**____________________________________________

**Slow Drills:** 1 - 2 - 3 - 4 - 5 - 6 - 7 - 8 - 9 - 10 - 11 - 12 - 13 - 14 - 15 - 16
17 - 18 - 19 - 20 - 21 - 22 - 23 - 24 - 25 - 26 - 27 - 28 - 29 - 30 - 31 - 32
33 - 34 - 35 - 36 - 37 - 38 - 39 - 40 - 41 - 42 - 43 - 44 - 45 - 46 - 47 - 48
49 - 50 - 51 - 52 - 53 - 54 - 55 - 56 - 57 - 58 - 59 - 60 - 61 - 62 - 63 - 64
65 - 66 - 67 - 68 - 69 - 70 - 71 - 72 - 73 - 74 - 75 - 76 - 77 - 78 - 79 - 80
81 - 82 - 83 - 84 - 85 - 86 - 87 - 88 - 89 - 90 - 91 - 92 - 93 - 94 - 95 - 96
97 - 98 - 99 - 100 **Notes:** ____________________________

**Time Drills:** 1 - 2 - 3 - 4 - 5 - 6 - 7 - 8 - 9 - 10 - 11 - 12 - 13 - 14 - 15 - 16
17 - 18 - 19 - 20 - 21 - 22 - 23 - 24 - 25 - 26 - 27 - 28 - 29 - 30 - 31 - 32
33 - 34 - 35 - 36 - 37 - 38 - 39 - 40 - 41 - 42 - 43 - 44 - 45 - 46 - 47 - 48
49 - 50 - 51 - 52 - 53 - 54 - 55 - 56 - 57 - 58 - 59 - 60 - 61 - 62 - 63 - 64
65 - 66 - 67 - 68 - 69 - 70 - 71 - 72 - 73 - 74 - 75 - 76 - 77 - 78 - 79 - 80
81 - 82 - 83 - 84 - 85 - 86 - 87 - 88 - 89 - 90 - 91 - 92 - 93 - 94 - 95 - 96
97 - 98 - 99 - 100 **Notes:** ____________________________

**Time Drills:** 1 - 2 - 3 - 4 - 5 - 6 - 7 - 8 - 9 - 10 - 11 - 12 - 13 - 14 - 15 - 16
17 - 18 - 19 - 20 - 21 - 22 - 23 - 24 - 25 - 26 - 27 - 28 - 29 - 30 - 31 - 32
33 - 34 - 35 - 36 - 37 - 38 - 39 - 40 - 41 - 42 - 43 - 44 - 45 - 46 - 47 - 48
49 - 50 - 51 - 52 - 53 - 54 - 55 - 56 - 57 - 58 - 59 - 60 - 61 - 62 - 63 - 64
65 - 66 - 67 - 68 - 69 - 70 - 71 - 72 - 73 - 74 - 75 - 76 - 77 - 78 - 79 - 80
81 - 82 - 83 - 84 - 85 - 86 - 87 - 88 - 89 - 90 - 91 - 92 - 93 - 94 - 95 - 96
97 - 98 - 99 - 100 **Notes:** ______________________________

**Time Drills:** 1 - 2 - 3 - 4 - 5 - 6 - 7 - 8 - 9 - 10 - 11 - 12 - 13 - 14 - 15 - 16
17 - 18 - 19 - 20 - 21 - 22 - 23 - 24 - 25 - 26 - 27 - 28 - 29 - 30 - 31 - 32
33 - 34 - 35 - 36 - 37 - 38 - 39 - 40 - 41 - 42 - 43 - 44 - 45 - 46 - 47 - 48
49 - 50 - 51 - 52 - 53 - 54 - 55 - 56 - 57 - 58 - 59 - 60 - 61 - 62 - 63 - 64
65 - 66 - 67 - 68 - 69 - 70 - 71 - 72 - 73 - 74 - 75 - 76 - 77 - 78 - 79 - 80
81 - 82 - 83 - 84 - 85 - 86 - 87 - 88 - 89 - 90 - 91 - 92 - 93 - 94 - 95 - 96
97 - 98 - 99 - 100 **Notes:** ______________________________

**Time Drills:** 1 - 2 - 3 - 4 - 5 - 6 - 7 - 8 - 9 - 10 - 11 - 12 - 13 - 14 - 15 - 16
17 - 18 - 19 - 20 - 21 - 22 - 23 - 24 - 25 - 26 - 27 - 28 - 29 - 30 - 31 - 32
33 - 34 - 35 - 36 - 37 - 38 - 39 - 40 - 41 - 42 - 43 - 44 - 45 - 46 - 47 - 48
49 - 50 - 51 - 52 - 53 - 54 - 55 - 56 - 57 - 58 - 59 - 60 - 61 - 62 - 63 - 64
65 - 66 - 67 - 68 - 69 - 70 - 71 - 72 - 73 - 74 - 75 - 76 - 77 - 78 - 79 - 80
81 - 82 - 83 - 84 - 85 - 86 - 87 - 88 - 89 - 90 - 91 - 92 - 93 - 94 - 95 - 96
97 - 98 - 99 - 100 **Notes:** ______________________________

**Time Drills:** 1 - 2 - 3 - 4 - 5 - 6 - 7 - 8 - 9 - 10 - 11 - 12 - 13 - 14 - 15 - 16
17 - 18 - 19 - 20 - 21 - 22 - 23 - 24 - 25 - 26 - 27 - 28 - 29 - 30 - 31 - 32
33 - 34 - 35 - 36 - 37 - 38 - 39 - 40 - 41 - 42 - 43 - 44 - 45 - 46 - 47 - 48
49 - 50 - 51 - 52 - 53 - 54 - 55 - 56 - 57 - 58 - 59 - 60 - 61 - 62 - 63 - 64
65 - 66 - 67 - 68 - 69 - 70 - 71 - 72 - 73 - 74 - 75 - 76 - 77 - 78 - 79 - 80
81 - 82 - 83 - 84 - 85 - 86 - 87 - 88 - 89 - 90 - 91 - 92 - 93 - 94 - 95 - 96
97 - 98 - 99 - 100 **Notes:** ______________________________

**End Date:** ______________

**DRILL:**________________________________________

**No. of Targets:**__________ **Distance between Targets:**____________
**Target Used:**________________ **Scoring Area:**_______________
**Distance from Shooter:**____________ **Rounds Required:**__________
**Shooting Position:**____________________________________
**Magazine Change: Yes - No - Multiple After How Many Rounds:**____
**Draw from Concealment: Yes - No Maximum Alloted Time:**________
**Drill Specifics:** ______________________________________

__________________________________________________

__________________________________________________

**Holster Position:**____________ **Hand:** ______ **Start Date:** ________
**Spare Magazine Position:** ___________ **Firearm:** _______________
**Cover Garment:** ______________________________ **Caliber:** ______
**Notes:**_____________________________________________

__________________________________________________

__________________________________________________

**Slow Drills:** 1 - 2 - 3 - 4 - 5 - 6 - 7 - 8 - 9 - 10 - 11 - 12 - 13 - 14 - 15 - 16
17 - 18 - 19 - 20 - 21 - 22 - 23 - 24 - 25 - 26 - 27 - 28 - 29 - 30 - 31 - 32
33 - 34 - 35 - 36 - 37 - 38 - 39 - 40 - 41 - 42 - 43 - 44 - 45 - 46 - 47 - 48
49 - 50 - 51 - 52 - 53 - 54 - 55 - 56 - 57 - 58 - 59 - 60 - 61 - 62 - 63 - 64
65 - 66 - 67 - 68 - 69 - 70 - 71 - 72 - 73 - 74 - 75 - 76 - 77 - 78 - 79 - 80
81 - 82 - 83 - 84 - 85 - 86 - 87 - 88 - 89 - 90 - 91 - 92 - 93 - 94 - 95 - 96
97 - 98 - 99 - 100 **Notes:** _____________________________

__________________________________________________

__________________________________________________

__________________________________________________

**Time Drills:** 1 - 2 - 3 - 4 - 5 - 6 - 7 - 8 - 9 - 10 - 11 - 12 - 13 - 14 - 15 - 16
17 - 18 - 19 - 20 - 21 - 22 - 23 - 24 - 25 - 26 - 27 - 28 - 29 - 30 - 31 - 32
33 - 34 - 35 - 36 - 37 - 38 - 39 - 40 - 41 - 42 - 43 - 44 - 45 - 46 - 47 - 48
49 - 50 - 51 - 52 - 53 - 54 - 55 - 56 - 57 - 58 - 59 - 60 - 61 - 62 - 63 - 64
65 - 66 - 67 - 68 - 69 - 70 - 71 - 72 - 73 - 74 - 75 - 76 - 77 - 78 - 79 - 80
81 - 82 - 83 - 84 - 85 - 86 - 87 - 88 - 89 - 90 - 91 - 92 - 93 - 94 - 95 - 96
97 - 98 - 99 - 100 **Notes:** _____________________________

__________________________________________________

__________________________________________________

__________________________________________________

**Time Drills:** 1 - 2 - 3 - 4 - 5 - 6 - 7 - 8 - 9 - 10 - 11 - 12 - 13 - 14 - 15 - 16
17 - 18 - 19 - 20 - 21 - 22 - 23 - 24 - 25 - 26 - 27 - 28 - 29 - 30 - 31 - 32
33 - 34 - 35 - 36 - 37 - 38 - 39 - 40 - 41 - 42 - 43 - 44 - 45 - 46 - 47 - 48
49 - 50 - 51 - 52 - 53 - 54 - 55 - 56 - 57 - 58 - 59 - 60 - 61 - 62 - 63 - 64
65 - 66 - 67 - 68 - 69 - 70 - 71 - 72 - 73 - 74 - 75 - 76 - 77 - 78 - 79 - 80
81 - 82 - 83 - 84 - 85 - 86 - 87 - 88 - 89 - 90 - 91 - 92 - 93 - 94 - 95 - 96
97 - 98 - 99 - 100 **Notes:** ______________________________

______________________________________________

______________________________________________

______________________________________________

**Time Drills:** 1 - 2 - 3 - 4 - 5 - 6 - 7 - 8 - 9 - 10 - 11 - 12 - 13 - 14 - 15 - 16
17 - 18 - 19 - 20 - 21 - 22 - 23 - 24 - 25 - 26 - 27 - 28 - 29 - 30 - 31 - 32
33 - 34 - 35 - 36 - 37 - 38 - 39 - 40 - 41 - 42 - 43 - 44 - 45 - 46 - 47 - 48
49 - 50 - 51 - 52 - 53 - 54 - 55 - 56 - 57 - 58 - 59 - 60 - 61 - 62 - 63 - 64
65 - 66 - 67 - 68 - 69 - 70 - 71 - 72 - 73 - 74 - 75 - 76 - 77 - 78 - 79 - 80
81 - 82 - 83 - 84 - 85 - 86 - 87 - 88 - 89 - 90 - 91 - 92 - 93 - 94 - 95 - 96
97 - 98 - 99 - 100 **Notes:** ______________________________

______________________________________________

______________________________________________

______________________________________________

**Time Drills:** 1 - 2 - 3 - 4 - 5 - 6 - 7 - 8 - 9 - 10 - 11 - 12 - 13 - 14 - 15 - 16
17 - 18 - 19 - 20 - 21 - 22 - 23 - 24 - 25 - 26 - 27 - 28 - 29 - 30 - 31 - 32
33 - 34 - 35 - 36 - 37 - 38 - 39 - 40 - 41 - 42 - 43 - 44 - 45 - 46 - 47 - 48
49 - 50 - 51 - 52 - 53 - 54 - 55 - 56 - 57 - 58 - 59 - 60 - 61 - 62 - 63 - 64
65 - 66 - 67 - 68 - 69 - 70 - 71 - 72 - 73 - 74 - 75 - 76 - 77 - 78 - 79 - 80
81 - 82 - 83 - 84 - 85 - 86 - 87 - 88 - 89 - 90 - 91 - 92 - 93 - 94 - 95 - 96
97 - 98 - 99 - 100 **Notes:** ______________________________

______________________________________________

______________________________________________

______________________________________________

**Time Drills:** 1 - 2 - 3 - 4 - 5 - 6 - 7 - 8 - 9 - 10 - 11 - 12 - 13 - 14 - 15 - 16
17 - 18 - 19 - 20 - 21 - 22 - 23 - 24 - 25 - 26 - 27 - 28 - 29 - 30 - 31 - 32
33 - 34 - 35 - 36 - 37 - 38 - 39 - 40 - 41 - 42 - 43 - 44 - 45 - 46 - 47 - 48
49 - 50 - 51 - 52 - 53 - 54 - 55 - 56 - 57 - 58 - 59 - 60 - 61 - 62 - 63 - 64
65 - 66 - 67 - 68 - 69 - 70 - 71 - 72 - 73 - 74 - 75 - 76 - 77 - 78 - 79 - 80
81 - 82 - 83 - 84 - 85 - 86 - 87 - 88 - 89 - 90 - 91 - 92 - 93 - 94 - 95 - 96
97 - 98 - 99 - 100 **Notes:** ______________________________

______________________________________________

______________________________________________

______________________________ **End Date:** __________

**DRILL:**________________________________________

**No. of Targets:**_________ **Distance between Targets:**______________
**Target Used:**__________________ **Scoring Area:**__________________
**Distance from Shooter:**_____________ **Rounds Required:**___________
**Shooting Position:**______________________________________
**Magazine Change: Yes - No - Multiple After How Many Rounds:**____
**Draw from Concealment: Yes - No Maximum Alloted Time:**________
**Drill Specifics:** ______________________________________

**Holster Position:**______________ **Hand:** ______ **Start Date:** ________
**Spare Magazine Position:** ____________ **Firearm:** __________________
**Cover Garment:** ________________________________ **Caliber:** ______
**Notes:**_____________________________________________

**Slow Drills:** 1 - 2 - 3 - 4 - 5 - 6 - 7 - 8 - 9 - 10 - 11 - 12 - 13 - 14 - 15 - 16
17 - 18 - 19 - 20 - 21 - 22 - 23 - 24 - 25 - 26 - 27 - 28 - 29 - 30 - 31 - 32
33 - 34 - 35 - 36 - 37 - 38 - 39 - 40 - 41 - 42 - 43 - 44 - 45 - 46 - 47 - 48
49 - 50 - 51 - 52 - 53 - 54 - 55 - 56 - 57 - 58 - 59 - 60 - 61 - 62 - 63 - 64
65 - 66 - 67 - 68 - 69 - 70 - 71 - 72 - 73 - 74 - 75 - 76 - 77 - 78 - 79 - 80
81 - 82 - 83 - 84 - 85 - 86 - 87 - 88 - 89 - 90 - 91 - 92 - 93 - 94 - 95 - 96
97 - 98 - 99 - 100 **Notes:** ____________________________

**Time Drills:** 1 - 2 - 3 - 4 - 5 - 6 - 7 - 8 - 9 - 10 - 11 - 12 - 13 - 14 - 15 - 16
17 - 18 - 19 - 20 - 21 - 22 - 23 - 24 - 25 - 26 - 27 - 28 - 29 - 30 - 31 - 32
33 - 34 - 35 - 36 - 37 - 38 - 39 - 40 - 41 - 42 - 43 - 44 - 45 - 46 - 47 - 48
49 - 50 - 51 - 52 - 53 - 54 - 55 - 56 - 57 - 58 - 59 - 60 - 61 - 62 - 63 - 64
65 - 66 - 67 - 68 - 69 - 70 - 71 - 72 - 73 - 74 - 75 - 76 - 77 - 78 - 79 - 80
81 - 82 - 83 - 84 - 85 - 86 - 87 - 88 - 89 - 90 - 91 - 92 - 93 - 94 - 95 - 96
97 - 98 - 99 - 100 **Notes:** ____________________________

**Time Drills:** 1 - 2 - 3 - 4 - 5 - 6 - 7 - 8 - 9 - 10 - 11 - 12 - 13 - 14 - 15 - 16
17 - 18 - 19 - 20 - 21 - 22 - 23 - 24 - 25 - 26 - 27 - 28 - 29 - 30 - 31 - 32
33 - 34 - 35 - 36 - 37 - 38 - 39 - 40 - 41 - 42 - 43 - 44 - 45 - 46 - 47 - 48
49 - 50 - 51 - 52 - 53 - 54 - 55 - 56 - 57 - 58 - 59 - 60 - 61 - 62 - 63 - 64
65 - 66 - 67 - 68 - 69 - 70 - 71 - 72 - 73 - 74 - 75 - 76 - 77 - 78 - 79 - 80
81 - 82 - 83 - 84 - 85 - 86 - 87 - 88 - 89 - 90 - 91 - 92 - 93 - 94 - 95 - 96
97 - 98 - 99 - 100 **Notes:** ______________________________

______________________________________________

______________________________________________

______________________________________________

**Time Drills:** 1 - 2 - 3 - 4 - 5 - 6 - 7 - 8 - 9 - 10 - 11 - 12 - 13 - 14 - 15 - 16
17 - 18 - 19 - 20 - 21 - 22 - 23 - 24 - 25 - 26 - 27 - 28 - 29 - 30 - 31 - 32
33 - 34 - 35 - 36 - 37 - 38 - 39 - 40 - 41 - 42 - 43 - 44 - 45 - 46 - 47 - 48
49 - 50 - 51 - 52 - 53 - 54 - 55 - 56 - 57 - 58 - 59 - 60 - 61 - 62 - 63 - 64
65 - 66 - 67 - 68 - 69 - 70 - 71 - 72 - 73 - 74 - 75 - 76 - 77 - 78 - 79 - 80
81 - 82 - 83 - 84 - 85 - 86 - 87 - 88 - 89 - 90 - 91 - 92 - 93 - 94 - 95 - 96
97 - 98 - 99 - 100 **Notes:** ______________________________

______________________________________________

______________________________________________

______________________________________________

**Time Drills:** 1 - 2 - 3 - 4 - 5 - 6 - 7 - 8 - 9 - 10 - 11 - 12 - 13 - 14 - 15 - 16
17 - 18 - 19 - 20 - 21 - 22 - 23 - 24 - 25 - 26 - 27 - 28 - 29 - 30 - 31 - 32
33 - 34 - 35 - 36 - 37 - 38 - 39 - 40 - 41 - 42 - 43 - 44 - 45 - 46 - 47 - 48
49 - 50 - 51 - 52 - 53 - 54 - 55 - 56 - 57 - 58 - 59 - 60 - 61 - 62 - 63 - 64
65 - 66 - 67 - 68 - 69 - 70 - 71 - 72 - 73 - 74 - 75 - 76 - 77 - 78 - 79 - 80
81 - 82 - 83 - 84 - 85 - 86 - 87 - 88 - 89 - 90 - 91 - 92 - 93 - 94 - 95 - 96
97 - 98 - 99 - 100 **Notes:** ______________________________

______________________________________________

______________________________________________

______________________________________________

**Time Drills:** 1 - 2 - 3 - 4 - 5 - 6 - 7 - 8 - 9 - 10 - 11 - 12 - 13 - 14 - 15 - 16
17 - 18 - 19 - 20 - 21 - 22 - 23 - 24 - 25 - 26 - 27 - 28 - 29 - 30 - 31 - 32
33 - 34 - 35 - 36 - 37 - 38 - 39 - 40 - 41 - 42 - 43 - 44 - 45 - 46 - 47 - 48
49 - 50 - 51 - 52 - 53 - 54 - 55 - 56 - 57 - 58 - 59 - 60 - 61 - 62 - 63 - 64
65 - 66 - 67 - 68 - 69 - 70 - 71 - 72 - 73 - 74 - 75 - 76 - 77 - 78 - 79 - 80
81 - 82 - 83 - 84 - 85 - 86 - 87 - 88 - 89 - 90 - 91 - 92 - 93 - 94 - 95 - 96
97 - 98 - 99 - 100 **Notes:** ______________________________

______________________________________________

______________________________________________

______________________________ **End Date:** ____________

**DRILL:**______________________________________________

**No. of Targets:**________ **Distance between Targets:**______________
**Target Used:**_________________ **Scoring Area:**_________________
**Distance from Shooter:**____________ **Rounds Required:**__________
**Shooting Position:**____________________________________________
**Magazine Change: Yes - No - Multiple After How Many Rounds:**____
**Draw from Concealment: Yes - No Maximum Alloted Time:**_______
**Drill Specifics:** ______________________________________________

____________________________________________________________

____________________________________________________________

**Holster Position:**_____________ **Hand:** ______ **Start Date:** ________
**Spare Magazine Position:** ___________ **Firearm:** ________________
**Cover Garment:** _________________________________ **Caliber:** ______
**Notes:**________________________________________________________

____________________________________________________________

____________________________________________________________

**Slow Drills:** 1 - 2 - 3 - 4 - 5 - 6 - 7 - 8 - 9 - 10 - 11 - 12 - 13 - 14 - 15 - 16
17 - 18 - 19 - 20 - 21 - 22 - 23 - 24 - 25 - 26 - 27 - 28 - 29 - 30 - 31 - 32
33 - 34 - 35 - 36 - 37 - 38 - 39 - 40 - 41 - 42 - 43 - 44 - 45 - 46 - 47 - 48
49 - 50 - 51 - 52 - 53 - 54 - 55 - 56 - 57 - 58 - 59 - 60 - 61 - 62 - 63 - 64
65 - 66 - 67 - 68 - 69 - 70 - 71 - 72 - 73 - 74 - 75 - 76 - 77 - 78 - 79 - 80
81 - 82 - 83 - 84 - 85 - 86 - 87 - 88 - 89 - 90 - 91 - 92 - 93 - 94 - 95 - 96
97 - 98 - 99 - 100 **Notes:** ______________________________________

____________________________________________________________

____________________________________________________________

____________________________________________________________

**Time Drills:** 1 - 2 - 3 - 4 - 5 - 6 - 7 - 8 - 9 - 10 - 11 - 12 - 13 - 14 - 15 - 16
17 - 18 - 19 - 20 - 21 - 22 - 23 - 24 - 25 - 26 - 27 - 28 - 29 - 30 - 31 - 32
33 - 34 - 35 - 36 - 37 - 38 - 39 - 40 - 41 - 42 - 43 - 44 - 45 - 46 - 47 - 48
49 - 50 - 51 - 52 - 53 - 54 - 55 - 56 - 57 - 58 - 59 - 60 - 61 - 62 - 63 - 64
65 - 66 - 67 - 68 - 69 - 70 - 71 - 72 - 73 - 74 - 75 - 76 - 77 - 78 - 79 - 80
81 - 82 - 83 - 84 - 85 - 86 - 87 - 88 - 89 - 90 - 91 - 92 - 93 - 94 - 95 - 96
97 - 98 - 99 - 100 **Notes:** ______________________________________

____________________________________________________________

____________________________________________________________

____________________________________________________________

**Time Drills:** 1 - 2 - 3 - 4 - 5 - 6 - 7 - 8 - 9 - 10 - 11 - 12 - 13 - 14 - 15 - 16
17 - 18 - 19 - 20 - 21 - 22 - 23 - 24 - 25 - 26 - 27 - 28 - 29 - 30 - 31 - 32
33 - 34 - 35 - 36 - 37 - 38 - 39 - 40 - 41 - 42 - 43 - 44 - 45 - 46 - 47 - 48
49 - 50 - 51 - 52 - 53 - 54 - 55 - 56 - 57 - 58 - 59 - 60 - 61 - 62 - 63 - 64
65 - 66 - 67 - 68 - 69 - 70 - 71 - 72 - 73 - 74 - 75 - 76 - 77 - 78 - 79 - 80
81 - 82 - 83 - 84 - 85 - 86 - 87 - 88 - 89 - 90 - 91 - 92 - 93 - 94 - 95 - 96
97 - 98 - 99 - 100 **Notes:** ______________________________

______________________________________________________

______________________________________________________

______________________________________________________

**Time Drills:** 1 - 2 - 3 - 4 - 5 - 6 - 7 - 8 - 9 - 10 - 11 - 12 - 13 - 14 - 15 - 16
17 - 18 - 19 - 20 - 21 - 22 - 23 - 24 - 25 - 26 - 27 - 28 - 29 - 30 - 31 - 32
33 - 34 - 35 - 36 - 37 - 38 - 39 - 40 - 41 - 42 - 43 - 44 - 45 - 46 - 47 - 48
49 - 50 - 51 - 52 - 53 - 54 - 55 - 56 - 57 - 58 - 59 - 60 - 61 - 62 - 63 - 64
65 - 66 - 67 - 68 - 69 - 70 - 71 - 72 - 73 - 74 - 75 - 76 - 77 - 78 - 79 - 80
81 - 82 - 83 - 84 - 85 - 86 - 87 - 88 - 89 - 90 - 91 - 92 - 93 - 94 - 95 - 96
97 - 98 - 99 - 100 **Notes:** ______________________________

______________________________________________________

______________________________________________________

______________________________________________________

**Time Drills:** 1 - 2 - 3 - 4 - 5 - 6 - 7 - 8 - 9 - 10 - 11 - 12 - 13 - 14 - 15 - 16
17 - 18 - 19 - 20 - 21 - 22 - 23 - 24 - 25 - 26 - 27 - 28 - 29 - 30 - 31 - 32
33 - 34 - 35 - 36 - 37 - 38 - 39 - 40 - 41 - 42 - 43 - 44 - 45 - 46 - 47 - 48
49 - 50 - 51 - 52 - 53 - 54 - 55 - 56 - 57 - 58 - 59 - 60 - 61 - 62 - 63 - 64
65 - 66 - 67 - 68 - 69 - 70 - 71 - 72 - 73 - 74 - 75 - 76 - 77 - 78 - 79 - 80
81 - 82 - 83 - 84 - 85 - 86 - 87 - 88 - 89 - 90 - 91 - 92 - 93 - 94 - 95 - 96
97 - 98 - 99 - 100 **Notes:** ______________________________

______________________________________________________

______________________________________________________

______________________________________________________

**Time Drills:** 1 - 2 - 3 - 4 - 5 - 6 - 7 - 8 - 9 - 10 - 11 - 12 - 13 - 14 - 15 - 16
17 - 18 - 19 - 20 - 21 - 22 - 23 - 24 - 25 - 26 - 27 - 28 - 29 - 30 - 31 - 32
33 - 34 - 35 - 36 - 37 - 38 - 39 - 40 - 41 - 42 - 43 - 44 - 45 - 46 - 47 - 48
49 - 50 - 51 - 52 - 53 - 54 - 55 - 56 - 57 - 58 - 59 - 60 - 61 - 62 - 63 - 64
65 - 66 - 67 - 68 - 69 - 70 - 71 - 72 - 73 - 74 - 75 - 76 - 77 - 78 - 79 - 80
81 - 82 - 83 - 84 - 85 - 86 - 87 - 88 - 89 - 90 - 91 - 92 - 93 - 94 - 95 - 96
97 - 98 - 99 - 100 **Notes:** ______________________________

______________________________________________________

______________________________________________________

____________________________________ **End Date:** ____________

**DRILL:**________________________________________

**No. of Targets:**_________ **Distance between Targets:**______________
**Target Used:**__________________ **Scoring Area:**__________________
**Distance from Shooter:**_____________ **Rounds Required:**___________
**Shooting Position:**________________________________________
**Magazine Change: Yes - No - Multiple After How Many Rounds:**____
**Draw from Concealment: Yes - No Maximum Alloted Time:**________
**Drill Specifics:** ________________________________________

**Holster Position:**_____________ **Hand:** ______ **Start Date:** ________
**Spare Magazine Position:** ___________ **Firearm:** __________________
**Cover Garment:** ______________________________ **Caliber:** ______
**Notes:**______________________________________________

**Slow Drills:** 1 - 2 - 3 - 4 - 5 - 6 - 7 - 8 - 9 - 10 - 11 - 12 - 13 - 14 - 15 - 16
17 - 18 - 19 - 20 - 21 - 22 - 23 - 24 - 25 - 26 - 27 - 28 - 29 - 30 - 31 - 32
33 - 34 - 35 - 36 - 37 - 38 - 39 - 40 - 41 - 42 - 43 - 44 - 45 - 46 - 47 - 48
49 - 50 - 51 - 52 - 53 - 54 - 55 - 56 - 57 - 58 - 59 - 60 - 61 - 62 - 63 - 64
65 - 66 - 67 - 68 - 69 - 70 - 71 - 72 - 73 - 74 - 75 - 76 - 77 - 78 - 79 - 80
81 - 82 - 83 - 84 - 85 - 86 - 87 - 88 - 89 - 90 - 91 - 92 - 93 - 94 - 95 - 96
97 - 98 - 99 - 100 **Notes:** ______________________________

**Time Drills:** 1 - 2 - 3 - 4 - 5 - 6 - 7 - 8 - 9 - 10 - 11 - 12 - 13 - 14 - 15 - 16
17 - 18 - 19 - 20 - 21 - 22 - 23 - 24 - 25 - 26 - 27 - 28 - 29 - 30 - 31 - 32
33 - 34 - 35 - 36 - 37 - 38 - 39 - 40 - 41 - 42 - 43 - 44 - 45 - 46 - 47 - 48
49 - 50 - 51 - 52 - 53 - 54 - 55 - 56 - 57 - 58 - 59 - 60 - 61 - 62 - 63 - 64
65 - 66 - 67 - 68 - 69 - 70 - 71 - 72 - 73 - 74 - 75 - 76 - 77 - 78 - 79 - 80
81 - 82 - 83 - 84 - 85 - 86 - 87 - 88 - 89 - 90 - 91 - 92 - 93 - 94 - 95 - 96
97 - 98 - 99 - 100 **Notes:** ______________________________

**Time Drills:** 1 - 2 - 3 - 4 - 5 - 6 - 7 - 8 - 9 - 10 - 11 - 12 - 13 - 14 - 15 - 16
17 - 18 - 19 - 20 - 21 - 22 - 23 - 24 - 25 - 26 - 27 - 28 - 29 - 30 - 31 - 32
33 - 34 - 35 - 36 - 37 - 38 - 39 - 40 - 41 - 42 - 43 - 44 - 45 - 46 - 47 - 48
49 - 50 - 51 - 52 - 53 - 54 - 55 - 56 - 57 - 58 - 59 - 60 - 61 - 62 - 63 - 64
65 - 66 - 67 - 68 - 69 - 70 - 71 - 72 - 73 - 74 - 75 - 76 - 77 - 78 - 79 - 80
81 - 82 - 83 - 84 - 85 - 86 - 87 - 88 - 89 - 90 - 91 - 92 - 93 - 94 - 95 - 96
97 - 98 - 99 - 100 **Notes:** ______________________________

**Time Drills:** 1 - 2 - 3 - 4 - 5 - 6 - 7 - 8 - 9 - 10 - 11 - 12 - 13 - 14 - 15 - 16
17 - 18 - 19 - 20 - 21 - 22 - 23 - 24 - 25 - 26 - 27 - 28 - 29 - 30 - 31 - 32
33 - 34 - 35 - 36 - 37 - 38 - 39 - 40 - 41 - 42 - 43 - 44 - 45 - 46 - 47 - 48
49 - 50 - 51 - 52 - 53 - 54 - 55 - 56 - 57 - 58 - 59 - 60 - 61 - 62 - 63 - 64
65 - 66 - 67 - 68 - 69 - 70 - 71 - 72 - 73 - 74 - 75 - 76 - 77 - 78 - 79 - 80
81 - 82 - 83 - 84 - 85 - 86 - 87 - 88 - 89 - 90 - 91 - 92 - 93 - 94 - 95 - 96
97 - 98 - 99 - 100 **Notes:** ______________________________

**Time Drills:** 1 - 2 - 3 - 4 - 5 - 6 - 7 - 8 - 9 - 10 - 11 - 12 - 13 - 14 - 15 - 16
17 - 18 - 19 - 20 - 21 - 22 - 23 - 24 - 25 - 26 - 27 - 28 - 29 - 30 - 31 - 32
33 - 34 - 35 - 36 - 37 - 38 - 39 - 40 - 41 - 42 - 43 - 44 - 45 - 46 - 47 - 48
49 - 50 - 51 - 52 - 53 - 54 - 55 - 56 - 57 - 58 - 59 - 60 - 61 - 62 - 63 - 64
65 - 66 - 67 - 68 - 69 - 70 - 71 - 72 - 73 - 74 - 75 - 76 - 77 - 78 - 79 - 80
81 - 82 - 83 - 84 - 85 - 86 - 87 - 88 - 89 - 90 - 91 - 92 - 93 - 94 - 95 - 96
97 - 98 - 99 - 100 **Notes:** ______________________________

**Time Drills:** 1 - 2 - 3 - 4 - 5 - 6 - 7 - 8 - 9 - 10 - 11 - 12 - 13 - 14 - 15 - 16
17 - 18 - 19 - 20 - 21 - 22 - 23 - 24 - 25 - 26 - 27 - 28 - 29 - 30 - 31 - 32
33 - 34 - 35 - 36 - 37 - 38 - 39 - 40 - 41 - 42 - 43 - 44 - 45 - 46 - 47 - 48
49 - 50 - 51 - 52 - 53 - 54 - 55 - 56 - 57 - 58 - 59 - 60 - 61 - 62 - 63 - 64
65 - 66 - 67 - 68 - 69 - 70 - 71 - 72 - 73 - 74 - 75 - 76 - 77 - 78 - 79 - 80
81 - 82 - 83 - 84 - 85 - 86 - 87 - 88 - 89 - 90 - 91 - 92 - 93 - 94 - 95 - 96
97 - 98 - 99 - 100 **Notes:** ______________________________

**End Date:** ____________

**DRILL:**______________________________________________

**No. of Targets:**________ **Distance between Targets:**______________
**Target Used:**________________ **Scoring Area:**________________
**Distance from Shooter:**____________ **Rounds Required:**__________
**Shooting Position:**________________________________________
**Magazine Change: Yes - No - Multiple After How Many Rounds:**____
**Draw from Concealment: Yes - No Maximum Alloted Time:**________
**Drill Specifics:** ______________________________________

______________________________________________________

______________________________________________________

**Holster Position:**____________ **Hand:** _____ **Start Date:** ________
**Spare Magazine Position:** __________ **Firearm:** ________________
**Cover Garment:** ____________________________ **Caliber:** ______
**Notes:**____________________________________________

______________________________________________________

______________________________________________________

**Slow Drills:** 1 - 2 - 3 - 4 - 5 - 6 - 7 - 8 - 9 - 10 - 11 - 12 - 13 - 14 - 15 - 16
17 - 18 - 19 - 20 - 21 - 22 - 23 - 24 - 25 - 26 - 27 - 28 - 29 - 30 - 31 - 32
33 - 34 - 35 - 36 - 37 - 38 - 39 - 40 - 41 - 42 - 43 - 44 - 45 - 46 - 47 - 48
49 - 50 - 51 - 52 - 53 - 54 - 55 - 56 - 57 - 58 - 59 - 60 - 61 - 62 - 63 - 64
65 - 66 - 67 - 68 - 69 - 70 - 71 - 72 - 73 - 74 - 75 - 76 - 77 - 78 - 79 - 80
81 - 82 - 83 - 84 - 85 - 86 - 87 - 88 - 89 - 90 - 91 - 92 - 93 - 94 - 95 - 96
97 - 98 - 99 - 100 **Notes:** ______________________________

______________________________________________________

______________________________________________________

______________________________________________________

**Time Drills:** 1 - 2 - 3 - 4 - 5 - 6 - 7 - 8 - 9 - 10 - 11 - 12 - 13 - 14 - 15 - 16
17 - 18 - 19 - 20 - 21 - 22 - 23 - 24 - 25 - 26 - 27 - 28 - 29 - 30 - 31 - 32
33 - 34 - 35 - 36 - 37 - 38 - 39 - 40 - 41 - 42 - 43 - 44 - 45 - 46 - 47 - 48
49 - 50 - 51 - 52 - 53 - 54 - 55 - 56 - 57 - 58 - 59 - 60 - 61 - 62 - 63 - 64
65 - 66 - 67 - 68 - 69 - 70 - 71 - 72 - 73 - 74 - 75 - 76 - 77 - 78 - 79 - 80
81 - 82 - 83 - 84 - 85 - 86 - 87 - 88 - 89 - 90 - 91 - 92 - 93 - 94 - 95 - 96
97 - 98 - 99 - 100 **Notes:** ______________________________

______________________________________________________

______________________________________________________

______________________________________________________

**Time Drills:** 1 - 2 - 3 - 4 - 5 - 6 - 7 - 8 - 9 - 10 - 11 - 12 - 13 - 14 - 15 - 16
17 - 18 - 19 - 20 - 21 - 22 - 23 - 24 - 25 - 26 - 27 - 28 - 29 - 30 - 31 - 32
33 - 34 - 35 - 36 - 37 - 38 - 39 - 40 - 41 - 42 - 43 - 44 - 45 - 46 - 47 - 48
49 - 50 - 51 - 52 - 53 - 54 - 55 - 56 - 57 - 58 - 59 - 60 - 61 - 62 - 63 - 64
65 - 66 - 67 - 68 - 69 - 70 - 71 - 72 - 73 - 74 - 75 - 76 - 77 - 78 - 79 - 80
81 - 82 - 83 - 84 - 85 - 86 - 87 - 88 - 89 - 90 - 91 - 92 - 93 - 94 - 95 - 96
97 - 98 - 99 - 100 **Notes:** ______________________________

______________________________________________

______________________________________________

______________________________________________

**Time Drills:** 1 - 2 - 3 - 4 - 5 - 6 - 7 - 8 - 9 - 10 - 11 - 12 - 13 - 14 - 15 - 16
17 - 18 - 19 - 20 - 21 - 22 - 23 - 24 - 25 - 26 - 27 - 28 - 29 - 30 - 31 - 32
33 - 34 - 35 - 36 - 37 - 38 - 39 - 40 - 41 - 42 - 43 - 44 - 45 - 46 - 47 - 48
49 - 50 - 51 - 52 - 53 - 54 - 55 - 56 - 57 - 58 - 59 - 60 - 61 - 62 - 63 - 64
65 - 66 - 67 - 68 - 69 - 70 - 71 - 72 - 73 - 74 - 75 - 76 - 77 - 78 - 79 - 80
81 - 82 - 83 - 84 - 85 - 86 - 87 - 88 - 89 - 90 - 91 - 92 - 93 - 94 - 95 - 96
97 - 98 - 99 - 100 **Notes:** ______________________________

______________________________________________

______________________________________________

______________________________________________

**Time Drills:** 1 - 2 - 3 - 4 - 5 - 6 - 7 - 8 - 9 - 10 - 11 - 12 - 13 - 14 - 15 - 16
17 - 18 - 19 - 20 - 21 - 22 - 23 - 24 - 25 - 26 - 27 - 28 - 29 - 30 - 31 - 32
33 - 34 - 35 - 36 - 37 - 38 - 39 - 40 - 41 - 42 - 43 - 44 - 45 - 46 - 47 - 48
49 - 50 - 51 - 52 - 53 - 54 - 55 - 56 - 57 - 58 - 59 - 60 - 61 - 62 - 63 - 64
65 - 66 - 67 - 68 - 69 - 70 - 71 - 72 - 73 - 74 - 75 - 76 - 77 - 78 - 79 - 80
81 - 82 - 83 - 84 - 85 - 86 - 87 - 88 - 89 - 90 - 91 - 92 - 93 - 94 - 95 - 96
97 - 98 - 99 - 100 **Notes:** ______________________________

______________________________________________

______________________________________________

______________________________________________

**Time Drills:** 1 - 2 - 3 - 4 - 5 - 6 - 7 - 8 - 9 - 10 - 11 - 12 - 13 - 14 - 15 - 16
17 - 18 - 19 - 20 - 21 - 22 - 23 - 24 - 25 - 26 - 27 - 28 - 29 - 30 - 31 - 32
33 - 34 - 35 - 36 - 37 - 38 - 39 - 40 - 41 - 42 - 43 - 44 - 45 - 46 - 47 - 48
49 - 50 - 51 - 52 - 53 - 54 - 55 - 56 - 57 - 58 - 59 - 60 - 61 - 62 - 63 - 64
65 - 66 - 67 - 68 - 69 - 70 - 71 - 72 - 73 - 74 - 75 - 76 - 77 - 78 - 79 - 80
81 - 82 - 83 - 84 - 85 - 86 - 87 - 88 - 89 - 90 - 91 - 92 - 93 - 94 - 95 - 96
97 - 98 - 99 - 100 **Notes:** ______________________________

______________________________________________

______________________________________________

______________________________ **End Date:** __________

**DRILL:**________________________________________

**No. of Targets:**_________ **Distance between Targets:**_______________
**Target Used:**___________________ **Scoring Area:**___________________
**Distance from Shooter:**______________ **Rounds Required:**____________
**Shooting Position:**____________________________________________
**Magazine Change: Yes - No - Multiple After How Many Rounds:**____
**Draw from Concealment: Yes - No Maximum Alloted Time:**________
**Drill Specifics:** ________________________________________________

**Holster Position:**______________ **Hand:** ______ **Start Date:** _________
**Spare Magazine Position:** ____________ **Firearm:** ____________________
**Cover Garment:** ___________________________________ **Caliber:** ______
**Notes:**________________________________________________________

**Slow Drills:** 1 - 2 - 3 - 4 - 5 - 6 - 7 - 8 - 9 - 10 - 11 - 12 - 13 - 14 - 15 - 16
17 - 18 - 19 - 20 - 21 - 22 - 23 - 24 - 25 - 26 - 27 - 28 - 29 - 30 - 31 - 32
33 - 34 - 35 - 36 - 37 - 38 - 39 - 40 - 41 - 42 - 43 - 44 - 45 - 46 - 47 - 48
49 - 50 - 51 - 52 - 53 - 54 - 55 - 56 - 57 - 58 - 59 - 60 - 61 - 62 - 63 - 64
65 - 66 - 67 - 68 - 69 - 70 - 71 - 72 - 73 - 74 - 75 - 76 - 77 - 78 - 79 - 80
81 - 82 - 83 - 84 - 85 - 86 - 87 - 88 - 89 - 90 - 91 - 92 - 93 - 94 - 95 - 96
97 - 98 - 99 - 100 **Notes:** ________________________________

**Time Drills:** 1 - 2 - 3 - 4 - 5 - 6 - 7 - 8 - 9 - 10 - 11 - 12 - 13 - 14 - 15 - 16
17 - 18 - 19 - 20 - 21 - 22 - 23 - 24 - 25 - 26 - 27 - 28 - 29 - 30 - 31 - 32
33 - 34 - 35 - 36 - 37 - 38 - 39 - 40 - 41 - 42 - 43 - 44 - 45 - 46 - 47 - 48
49 - 50 - 51 - 52 - 53 - 54 - 55 - 56 - 57 - 58 - 59 - 60 - 61 - 62 - 63 - 64
65 - 66 - 67 - 68 - 69 - 70 - 71 - 72 - 73 - 74 - 75 - 76 - 77 - 78 - 79 - 80
81 - 82 - 83 - 84 - 85 - 86 - 87 - 88 - 89 - 90 - 91 - 92 - 93 - 94 - 95 - 96
97 - 98 - 99 - 100 **Notes:** ________________________________

**Time Drills:** 1 - 2 - 3 - 4 - 5 - 6 - 7 - 8 - 9 - 10 - 11 - 12 - 13 - 14 - 15 - 16
17 - 18 - 19 - 20 - 21 - 22 - 23 - 24 - 25 - 26 - 27 - 28 - 29 - 30 - 31 - 32
33 - 34 - 35 - 36 - 37 - 38 - 39 - 40 - 41 - 42 - 43 - 44 - 45 - 46 - 47 - 48
49 - 50 - 51 - 52 - 53 - 54 - 55 - 56 - 57 - 58 - 59 - 60 - 61 - 62 - 63 - 64
65 - 66 - 67 - 68 - 69 - 70 - 71 - 72 - 73 - 74 - 75 - 76 - 77 - 78 - 79 - 80
81 - 82 - 83 - 84 - 85 - 86 - 87 - 88 - 89 - 90 - 91 - 92 - 93 - 94 - 95 - 96
97 - 98 - 99 - 100 **Notes:** ______________________________

**Time Drills:** 1 - 2 - 3 - 4 - 5 - 6 - 7 - 8 - 9 - 10 - 11 - 12 - 13 - 14 - 15 - 16
17 - 18 - 19 - 20 - 21 - 22 - 23 - 24 - 25 - 26 - 27 - 28 - 29 - 30 - 31 - 32
33 - 34 - 35 - 36 - 37 - 38 - 39 - 40 - 41 - 42 - 43 - 44 - 45 - 46 - 47 - 48
49 - 50 - 51 - 52 - 53 - 54 - 55 - 56 - 57 - 58 - 59 - 60 - 61 - 62 - 63 - 64
65 - 66 - 67 - 68 - 69 - 70 - 71 - 72 - 73 - 74 - 75 - 76 - 77 - 78 - 79 - 80
81 - 82 - 83 - 84 - 85 - 86 - 87 - 88 - 89 - 90 - 91 - 92 - 93 - 94 - 95 - 96
97 - 98 - 99 - 100 **Notes:** ______________________________

**Time Drills:** 1 - 2 - 3 - 4 - 5 - 6 - 7 - 8 - 9 - 10 - 11 - 12 - 13 - 14 - 15 - 16
17 - 18 - 19 - 20 - 21 - 22 - 23 - 24 - 25 - 26 - 27 - 28 - 29 - 30 - 31 - 32
33 - 34 - 35 - 36 - 37 - 38 - 39 - 40 - 41 - 42 - 43 - 44 - 45 - 46 - 47 - 48
49 - 50 - 51 - 52 - 53 - 54 - 55 - 56 - 57 - 58 - 59 - 60 - 61 - 62 - 63 - 64
65 - 66 - 67 - 68 - 69 - 70 - 71 - 72 - 73 - 74 - 75 - 76 - 77 - 78 - 79 - 80
81 - 82 - 83 - 84 - 85 - 86 - 87 - 88 - 89 - 90 - 91 - 92 - 93 - 94 - 95 - 96
97 - 98 - 99 - 100 **Notes:** ______________________________

**Time Drills:** 1 - 2 - 3 - 4 - 5 - 6 - 7 - 8 - 9 - 10 - 11 - 12 - 13 - 14 - 15 - 16
17 - 18 - 19 - 20 - 21 - 22 - 23 - 24 - 25 - 26 - 27 - 28 - 29 - 30 - 31 - 32
33 - 34 - 35 - 36 - 37 - 38 - 39 - 40 - 41 - 42 - 43 - 44 - 45 - 46 - 47 - 48
49 - 50 - 51 - 52 - 53 - 54 - 55 - 56 - 57 - 58 - 59 - 60 - 61 - 62 - 63 - 64
65 - 66 - 67 - 68 - 69 - 70 - 71 - 72 - 73 - 74 - 75 - 76 - 77 - 78 - 79 - 80
81 - 82 - 83 - 84 - 85 - 86 - 87 - 88 - 89 - 90 - 91 - 92 - 93 - 94 - 95 - 96
97 - 98 - 99 - 100 **Notes:** ______________________________

**End Date:** ____________

**DRILL:**________________________________________________

**No. of Targets:**_________ **Distance between Targets:**_______________
**Target Used:**___________________ **Scoring Area:**___________________
**Distance from Shooter:**______________ **Rounds Required:**____________
**Shooting Position:**________________________________________________
**Magazine Change: Yes - No - Multiple After How Many Rounds:**____
**Draw from Concealment: Yes - No Maximum Alloted Time:**_________
**Drill Specifics:** _____________________________________________

____________________________________________________________

____________________________________________________________

**Holster Position:**______________ **Hand:** ______ **Start Date:** _________
**Spare Magazine Position:** ____________ **Firearm:** ___________________
**Cover Garment:** __________________________________ **Caliber:** ______
**Notes:**________________________________________________________

____________________________________________________________

____________________________________________________________

**Slow Drills:** 1 - 2 - 3 - 4 - 5 - 6 - 7 - 8 - 9 - 10 - 11 - 12 - 13 - 14 - 15 - 16
17 - 18 - 19 - 20 - 21 - 22 - 23 - 24 - 25 - 26 - 27 - 28 - 29 - 30 - 31 - 32
33 - 34 - 35 - 36 - 37 - 38 - 39 - 40 - 41 - 42 - 43 - 44 - 45 - 46 - 47 - 48
49 - 50 - 51 - 52 - 53 - 54 - 55 - 56 - 57 - 58 - 59 - 60 - 61 - 62 - 63 - 64
65 - 66 - 67 - 68 - 69 - 70 - 71 - 72 - 73 - 74 - 75 - 76 - 77 - 78 - 79 - 80
81 - 82 - 83 - 84 - 85 - 86 - 87 - 88 - 89 - 90 - 91 - 92 - 93 - 94 - 95 - 96
97 - 98 - 99 - 100 **Notes:** __________________________________

____________________________________________________________

____________________________________________________________

____________________________________________________________

**Time Drills:** 1 - 2 - 3 - 4 - 5 - 6 - 7 - 8 - 9 - 10 - 11 - 12 - 13 - 14 - 15 - 16
17 - 18 - 19 - 20 - 21 - 22 - 23 - 24 - 25 - 26 - 27 - 28 - 29 - 30 - 31 - 32
33 - 34 - 35 - 36 - 37 - 38 - 39 - 40 - 41 - 42 - 43 - 44 - 45 - 46 - 47 - 48
49 - 50 - 51 - 52 - 53 - 54 - 55 - 56 - 57 - 58 - 59 - 60 - 61 - 62 - 63 - 64
65 - 66 - 67 - 68 - 69 - 70 - 71 - 72 - 73 - 74 - 75 - 76 - 77 - 78 - 79 - 80
81 - 82 - 83 - 84 - 85 - 86 - 87 - 88 - 89 - 90 - 91 - 92 - 93 - 94 - 95 - 96
97 - 98 - 99 - 100 **Notes:** __________________________________

____________________________________________________________

____________________________________________________________

____________________________________________________________

**Time Drills:** 1 - 2 - 3 - 4 - 5 - 6 - 7 - 8 - 9 - 10 - 11 - 12 - 13 - 14 - 15 - 16
17 - 18 - 19 - 20 - 21 - 22 - 23 - 24 - 25 - 26 - 27 - 28 - 29 - 30 - 31 - 32
33 - 34 - 35 - 36 - 37 - 38 - 39 - 40 - 41 - 42 - 43 - 44 - 45 - 46 - 47 - 48
49 - 50 - 51 - 52 - 53 - 54 - 55 - 56 - 57 - 58 - 59 - 60 - 61 - 62 - 63 - 64
65 - 66 - 67 - 68 - 69 - 70 - 71 - 72 - 73 - 74 - 75 - 76 - 77 - 78 - 79 - 80
81 - 82 - 83 - 84 - 85 - 86 - 87 - 88 - 89 - 90 - 91 - 92 - 93 - 94 - 95 - 96
97 - 98 - 99 - 100 **Notes:** ______________________________

______________________________________________

______________________________________________

______________________________________________

**Time Drills:** 1 - 2 - 3 - 4 - 5 - 6 - 7 - 8 - 9 - 10 - 11 - 12 - 13 - 14 - 15 - 16
17 - 18 - 19 - 20 - 21 - 22 - 23 - 24 - 25 - 26 - 27 - 28 - 29 - 30 - 31 - 32
33 - 34 - 35 - 36 - 37 - 38 - 39 - 40 - 41 - 42 - 43 - 44 - 45 - 46 - 47 - 48
49 - 50 - 51 - 52 - 53 - 54 - 55 - 56 - 57 - 58 - 59 - 60 - 61 - 62 - 63 - 64
65 - 66 - 67 - 68 - 69 - 70 - 71 - 72 - 73 - 74 - 75 - 76 - 77 - 78 - 79 - 80
81 - 82 - 83 - 84 - 85 - 86 - 87 - 88 - 89 - 90 - 91 - 92 - 93 - 94 - 95 - 96
97 - 98 - 99 - 100 **Notes:** ______________________________

______________________________________________

______________________________________________

______________________________________________

**Time Drills:** 1 - 2 - 3 - 4 - 5 - 6 - 7 - 8 - 9 - 10 - 11 - 12 - 13 - 14 - 15 - 16
17 - 18 - 19 - 20 - 21 - 22 - 23 - 24 - 25 - 26 - 27 - 28 - 29 - 30 - 31 - 32
33 - 34 - 35 - 36 - 37 - 38 - 39 - 40 - 41 - 42 - 43 - 44 - 45 - 46 - 47 - 48
49 - 50 - 51 - 52 - 53 - 54 - 55 - 56 - 57 - 58 - 59 - 60 - 61 - 62 - 63 - 64
65 - 66 - 67 - 68 - 69 - 70 - 71 - 72 - 73 - 74 - 75 - 76 - 77 - 78 - 79 - 80
81 - 82 - 83 - 84 - 85 - 86 - 87 - 88 - 89 - 90 - 91 - 92 - 93 - 94 - 95 - 96
97 - 98 - 99 - 100 **Notes:** ______________________________

______________________________________________

______________________________________________

______________________________________________

**Time Drills:** 1 - 2 - 3 - 4 - 5 - 6 - 7 - 8 - 9 - 10 - 11 - 12 - 13 - 14 - 15 - 16
17 - 18 - 19 - 20 - 21 - 22 - 23 - 24 - 25 - 26 - 27 - 28 - 29 - 30 - 31 - 32
33 - 34 - 35 - 36 - 37 - 38 - 39 - 40 - 41 - 42 - 43 - 44 - 45 - 46 - 47 - 48
49 - 50 - 51 - 52 - 53 - 54 - 55 - 56 - 57 - 58 - 59 - 60 - 61 - 62 - 63 - 64
65 - 66 - 67 - 68 - 69 - 70 - 71 - 72 - 73 - 74 - 75 - 76 - 77 - 78 - 79 - 80
81 - 82 - 83 - 84 - 85 - 86 - 87 - 88 - 89 - 90 - 91 - 92 - 93 - 94 - 95 - 96
97 - 98 - 99 - 100 **Notes:** ______________________________

______________________________________________

______________________________________________

________________________________ **End Date:** __________

**DRILL:**____________________________________________

**No. of Targets:**_________ **Distance between Targets:**______________
**Target Used:**__________________ **Scoring Area:**__________________
**Distance from Shooter:**_____________ **Rounds Required:**___________
**Shooting Position:**_____________________________________________
**Magazine Change: Yes - No - Multiple After How Many Rounds:**____
**Draw from Concealment: Yes - No Maximum Alloted Time:**________
**Drill Specifics:** _____________________________________________

**Holster Position:**_____________ **Hand:** ______ **Start Date:** _________
**Spare Magazine Position:** ___________ **Firearm:** __________________
**Cover Garment:** ________________________________ **Caliber:** ______
**Notes:**__________________________________________________________

**Slow Drills:** 1 - 2 - 3 - 4 - 5 - 6 - 7 - 8 - 9 - 10 - 11 - 12 - 13 - 14 - 15 - 16
17 - 18 - 19 - 20 - 21 - 22 - 23 - 24 - 25 - 26 - 27 - 28 - 29 - 30 - 31 - 32
33 - 34 - 35 - 36 - 37 - 38 - 39 - 40 - 41 - 42 - 43 - 44 - 45 - 46 - 47 - 48
49 - 50 - 51 - 52 - 53 - 54 - 55 - 56 - 57 - 58 - 59 - 60 - 61 - 62 - 63 - 64
65 - 66 - 67 - 68 - 69 - 70 - 71 - 72 - 73 - 74 - 75 - 76 - 77 - 78 - 79 - 80
81 - 82 - 83 - 84 - 85 - 86 - 87 - 88 - 89 - 90 - 91 - 92 - 93 - 94 - 95 - 96
97 - 98 - 99 - 100 **Notes:** __________________________________

**Time Drills:** 1 - 2 - 3 - 4 - 5 - 6 - 7 - 8 - 9 - 10 - 11 - 12 - 13 - 14 - 15 - 16
17 - 18 - 19 - 20 - 21 - 22 - 23 - 24 - 25 - 26 - 27 - 28 - 29 - 30 - 31 - 32
33 - 34 - 35 - 36 - 37 - 38 - 39 - 40 - 41 - 42 - 43 - 44 - 45 - 46 - 47 - 48
49 - 50 - 51 - 52 - 53 - 54 - 55 - 56 - 57 - 58 - 59 - 60 - 61 - 62 - 63 - 64
65 - 66 - 67 - 68 - 69 - 70 - 71 - 72 - 73 - 74 - 75 - 76 - 77 - 78 - 79 - 80
81 - 82 - 83 - 84 - 85 - 86 - 87 - 88 - 89 - 90 - 91 - 92 - 93 - 94 - 95 - 96
97 - 98 - 99 - 100 **Notes:** __________________________________

**Time Drills:** 1 - 2 - 3 - 4 - 5 - 6 - 7 - 8 - 9 - 10 - 11 - 12 - 13 - 14 - 15 - 16
17 - 18 - 19 - 20 - 21 - 22 - 23 - 24 - 25 - 26 - 27 - 28 - 29 - 30 - 31 - 32
33 - 34 - 35 - 36 - 37 - 38 - 39 - 40 - 41 - 42 - 43 - 44 - 45 - 46 - 47 - 48
49 - 50 - 51 - 52 - 53 - 54 - 55 - 56 - 57 - 58 - 59 - 60 - 61 - 62 - 63 - 64
65 - 66 - 67 - 68 - 69 - 70 - 71 - 72 - 73 - 74 - 75 - 76 - 77 - 78 - 79 - 80
81 - 82 - 83 - 84 - 85 - 86 - 87 - 88 - 89 - 90 - 91 - 92 - 93 - 94 - 95 - 96
97 - 98 - 99 - 100 **Notes:** ____________________

**Time Drills:** 1 - 2 - 3 - 4 - 5 - 6 - 7 - 8 - 9 - 10 - 11 - 12 - 13 - 14 - 15 - 16
17 - 18 - 19 - 20 - 21 - 22 - 23 - 24 - 25 - 26 - 27 - 28 - 29 - 30 - 31 - 32
33 - 34 - 35 - 36 - 37 - 38 - 39 - 40 - 41 - 42 - 43 - 44 - 45 - 46 - 47 - 48
49 - 50 - 51 - 52 - 53 - 54 - 55 - 56 - 57 - 58 - 59 - 60 - 61 - 62 - 63 - 64
65 - 66 - 67 - 68 - 69 - 70 - 71 - 72 - 73 - 74 - 75 - 76 - 77 - 78 - 79 - 80
81 - 82 - 83 - 84 - 85 - 86 - 87 - 88 - 89 - 90 - 91 - 92 - 93 - 94 - 95 - 96
97 - 98 - 99 - 100 **Notes:** ____________________

**Time Drills:** 1 - 2 - 3 - 4 - 5 - 6 - 7 - 8 - 9 - 10 - 11 - 12 - 13 - 14 - 15 - 16
17 - 18 - 19 - 20 - 21 - 22 - 23 - 24 - 25 - 26 - 27 - 28 - 29 - 30 - 31 - 32
33 - 34 - 35 - 36 - 37 - 38 - 39 - 40 - 41 - 42 - 43 - 44 - 45 - 46 - 47 - 48
49 - 50 - 51 - 52 - 53 - 54 - 55 - 56 - 57 - 58 - 59 - 60 - 61 - 62 - 63 - 64
65 - 66 - 67 - 68 - 69 - 70 - 71 - 72 - 73 - 74 - 75 - 76 - 77 - 78 - 79 - 80
81 - 82 - 83 - 84 - 85 - 86 - 87 - 88 - 89 - 90 - 91 - 92 - 93 - 94 - 95 - 96
97 - 98 - 99 - 100 **Notes:** ____________________

**Time Drills:** 1 - 2 - 3 - 4 - 5 - 6 - 7 - 8 - 9 - 10 - 11 - 12 - 13 - 14 - 15 - 16
17 - 18 - 19 - 20 - 21 - 22 - 23 - 24 - 25 - 26 - 27 - 28 - 29 - 30 - 31 - 32
33 - 34 - 35 - 36 - 37 - 38 - 39 - 40 - 41 - 42 - 43 - 44 - 45 - 46 - 47 - 48
49 - 50 - 51 - 52 - 53 - 54 - 55 - 56 - 57 - 58 - 59 - 60 - 61 - 62 - 63 - 64
65 - 66 - 67 - 68 - 69 - 70 - 71 - 72 - 73 - 74 - 75 - 76 - 77 - 78 - 79 - 80
81 - 82 - 83 - 84 - 85 - 86 - 87 - 88 - 89 - 90 - 91 - 92 - 93 - 94 - 95 - 96
97 - 98 - 99 - 100 **Notes:** ____________________

**End Date:** ____________

**DRILL:**____________________________________________

**No. of Targets:**_________ **Distance between Targets:**_______________
**Target Used:**__________________ **Scoring Area:**__________________
**Distance from Shooter:**_____________ **Rounds Required:**___________
**Shooting Position:**___________________________________________
**Magazine Change: Yes - No - Multiple After How Many Rounds:**____
**Draw from Concealment: Yes - No Maximum Alloted Time:**________
**Drill Specifics:** ____________________________________________

**Holster Position:**_____________ **Hand:** ______ **Start Date:** _________
**Spare Magazine Position:** ___________ **Firearm:** _________________
**Cover Garment:** ________________________________ **Caliber:** ______
**Notes:**______________________________________________________

**Slow Drills:** 1 - 2 - 3 - 4 - 5 - 6 - 7 - 8 - 9 - 10 - 11 - 12 - 13 - 14 - 15 - 16
17 - 18 - 19 - 20 - 21 - 22 - 23 - 24 - 25 - 26 - 27 - 28 - 29 - 30 - 31 - 32
33 - 34 - 35 - 36 - 37 - 38 - 39 - 40 - 41 - 42 - 43 - 44 - 45 - 46 - 47 - 48
49 - 50 - 51 - 52 - 53 - 54 - 55 - 56 - 57 - 58 - 59 - 60 - 61 - 62 - 63 - 64
65 - 66 - 67 - 68 - 69 - 70 - 71 - 72 - 73 - 74 - 75 - 76 - 77 - 78 - 79 - 80
81 - 82 - 83 - 84 - 85 - 86 - 87 - 88 - 89 - 90 - 91 - 92 - 93 - 94 - 95 - 96
97 - 98 - 99 - 100 **Notes:** __________________________________

**Time Drills:** 1 - 2 - 3 - 4 - 5 - 6 - 7 - 8 - 9 - 10 - 11 - 12 - 13 - 14 - 15 - 16
17 - 18 - 19 - 20 - 21 - 22 - 23 - 24 - 25 - 26 - 27 - 28 - 29 - 30 - 31 - 32
33 - 34 - 35 - 36 - 37 - 38 - 39 - 40 - 41 - 42 - 43 - 44 - 45 - 46 - 47 - 48
49 - 50 - 51 - 52 - 53 - 54 - 55 - 56 - 57 - 58 - 59 - 60 - 61 - 62 - 63 - 64
65 - 66 - 67 - 68 - 69 - 70 - 71 - 72 - 73 - 74 - 75 - 76 - 77 - 78 - 79 - 80
81 - 82 - 83 - 84 - 85 - 86 - 87 - 88 - 89 - 90 - 91 - 92 - 93 - 94 - 95 - 96
97 - 98 - 99 - 100 **Notes:** __________________________________

**Time Drills:** 1 - 2 - 3 - 4 - 5 - 6 - 7 - 8 - 9 - 10 - 11 - 12 - 13 - 14 - 15 - 16
17 - 18 - 19 - 20 - 21 - 22 - 23 - 24 - 25 - 26 - 27 - 28 - 29 - 30 - 31 - 32
33 - 34 - 35 - 36 - 37 - 38 - 39 - 40 - 41 - 42 - 43 - 44 - 45 - 46 - 47 - 48
49 - 50 - 51 - 52 - 53 - 54 - 55 - 56 - 57 - 58 - 59 - 60 - 61 - 62 - 63 - 64
65 - 66 - 67 - 68 - 69 - 70 - 71 - 72 - 73 - 74 - 75 - 76 - 77 - 78 - 79 - 80
81 - 82 - 83 - 84 - 85 - 86 - 87 - 88 - 89 - 90 - 91 - 92 - 93 - 94 - 95 - 96
97 - 98 - 99 - 100 **Notes:** ______________________________

**Time Drills:** 1 - 2 - 3 - 4 - 5 - 6 - 7 - 8 - 9 - 10 - 11 - 12 - 13 - 14 - 15 - 16
17 - 18 - 19 - 20 - 21 - 22 - 23 - 24 - 25 - 26 - 27 - 28 - 29 - 30 - 31 - 32
33 - 34 - 35 - 36 - 37 - 38 - 39 - 40 - 41 - 42 - 43 - 44 - 45 - 46 - 47 - 48
49 - 50 - 51 - 52 - 53 - 54 - 55 - 56 - 57 - 58 - 59 - 60 - 61 - 62 - 63 - 64
65 - 66 - 67 - 68 - 69 - 70 - 71 - 72 - 73 - 74 - 75 - 76 - 77 - 78 - 79 - 80
81 - 82 - 83 - 84 - 85 - 86 - 87 - 88 - 89 - 90 - 91 - 92 - 93 - 94 - 95 - 96
97 - 98 - 99 - 100 **Notes:** ______________________________

**Time Drills:** 1 - 2 - 3 - 4 - 5 - 6 - 7 - 8 - 9 - 10 - 11 - 12 - 13 - 14 - 15 - 16
17 - 18 - 19 - 20 - 21 - 22 - 23 - 24 - 25 - 26 - 27 - 28 - 29 - 30 - 31 - 32
33 - 34 - 35 - 36 - 37 - 38 - 39 - 40 - 41 - 42 - 43 - 44 - 45 - 46 - 47 - 48
49 - 50 - 51 - 52 - 53 - 54 - 55 - 56 - 57 - 58 - 59 - 60 - 61 - 62 - 63 - 64
65 - 66 - 67 - 68 - 69 - 70 - 71 - 72 - 73 - 74 - 75 - 76 - 77 - 78 - 79 - 80
81 - 82 - 83 - 84 - 85 - 86 - 87 - 88 - 89 - 90 - 91 - 92 - 93 - 94 - 95 - 96
97 - 98 - 99 - 100 **Notes:** ______________________________

**Time Drills:** 1 - 2 - 3 - 4 - 5 - 6 - 7 - 8 - 9 - 10 - 11 - 12 - 13 - 14 - 15 - 16
17 - 18 - 19 - 20 - 21 - 22 - 23 - 24 - 25 - 26 - 27 - 28 - 29 - 30 - 31 - 32
33 - 34 - 35 - 36 - 37 - 38 - 39 - 40 - 41 - 42 - 43 - 44 - 45 - 46 - 47 - 48
49 - 50 - 51 - 52 - 53 - 54 - 55 - 56 - 57 - 58 - 59 - 60 - 61 - 62 - 63 - 64
65 - 66 - 67 - 68 - 69 - 70 - 71 - 72 - 73 - 74 - 75 - 76 - 77 - 78 - 79 - 80
81 - 82 - 83 - 84 - 85 - 86 - 87 - 88 - 89 - 90 - 91 - 92 - 93 - 94 - 95 - 96
97 - 98 - 99 - 100 **Notes:** ______________________________

**End Date:** ____________

**DRILL:**____________________________________________

**No. of Targets:**__________ **Distance between Targets:**_______________
**Target Used:**____________________ **Scoring Area:**____________________
**Distance from Shooter:**______________ **Rounds Required:**____________
**Shooting Position:**______________________________________________
**Magazine Change: Yes - No - Multiple After How Many Rounds:**____
**Draw from Concealment: Yes - No Maximum Alloted Time:**_________
**Drill Specifics:** ____________________________________________________

**Holster Position:**_______________ **Hand:** ______ **Start Date:** __________
**Spare Magazine Position:** ____________ **Firearm:** ____________________
**Cover Garment:** ____________________________________ **Caliber:** ______
**Notes:**___________________________________________________________

**Slow Drills:** 1 - 2 - 3 - 4 - 5 - 6 - 7 - 8 - 9 - 10 - 11 - 12 - 13 - 14 - 15 - 16
17 - 18 - 19 - 20 - 21 - 22 - 23 - 24 - 25 - 26 - 27 - 28 - 29 - 30 - 31 - 32
33 - 34 - 35 - 36 - 37 - 38 - 39 - 40 - 41 - 42 - 43 - 44 - 45 - 46 - 47 - 48
49 - 50 - 51 - 52 - 53 - 54 - 55 - 56 - 57 - 58 - 59 - 60 - 61 - 62 - 63 - 64
65 - 66 - 67 - 68 - 69 - 70 - 71 - 72 - 73 - 74 - 75 - 76 - 77 - 78 - 79 - 80
81 - 82 - 83 - 84 - 85 - 86 - 87 - 88 - 89 - 90 - 91 - 92 - 93 - 94 - 95 - 96
97 - 98 - 99 - 100 **Notes:** ____________________________________

**Time Drills:** 1 - 2 - 3 - 4 - 5 - 6 - 7 - 8 - 9 - 10 - 11 - 12 - 13 - 14 - 15 - 16
17 - 18 - 19 - 20 - 21 - 22 - 23 - 24 - 25 - 26 - 27 - 28 - 29 - 30 - 31 - 32
33 - 34 - 35 - 36 - 37 - 38 - 39 - 40 - 41 - 42 - 43 - 44 - 45 - 46 - 47 - 48
49 - 50 - 51 - 52 - 53 - 54 - 55 - 56 - 57 - 58 - 59 - 60 - 61 - 62 - 63 - 64
65 - 66 - 67 - 68 - 69 - 70 - 71 - 72 - 73 - 74 - 75 - 76 - 77 - 78 - 79 - 80
81 - 82 - 83 - 84 - 85 - 86 - 87 - 88 - 89 - 90 - 91 - 92 - 93 - 94 - 95 - 96
97 - 98 - 99 - 100 **Notes:** ____________________________________

**Time Drills:** 1 - 2 - 3 - 4 - 5 - 6 - 7 - 8 - 9 - 10 - 11 - 12 - 13 - 14 - 15 - 16
17 - 18 - 19 - 20 - 21 - 22 - 23 - 24 - 25 - 26 - 27 - 28 - 29 - 30 - 31 - 32
33 - 34 - 35 - 36 - 37 - 38 - 39 - 40 - 41 - 42 - 43 - 44 - 45 - 46 - 47 - 48
49 - 50 - 51 - 52 - 53 - 54 - 55 - 56 - 57 - 58 - 59 - 60 - 61 - 62 - 63 - 64
65 - 66 - 67 - 68 - 69 - 70 - 71 - 72 - 73 - 74 - 75 - 76 - 77 - 78 - 79 - 80
81 - 82 - 83 - 84 - 85 - 86 - 87 - 88 - 89 - 90 - 91 - 92 - 93 - 94 - 95 - 96
97 - 98 - 99 - 100 **Notes:** ____________________

**Time Drills:** 1 - 2 - 3 - 4 - 5 - 6 - 7 - 8 - 9 - 10 - 11 - 12 - 13 - 14 - 15 - 16
17 - 18 - 19 - 20 - 21 - 22 - 23 - 24 - 25 - 26 - 27 - 28 - 29 - 30 - 31 - 32
33 - 34 - 35 - 36 - 37 - 38 - 39 - 40 - 41 - 42 - 43 - 44 - 45 - 46 - 47 - 48
49 - 50 - 51 - 52 - 53 - 54 - 55 - 56 - 57 - 58 - 59 - 60 - 61 - 62 - 63 - 64
65 - 66 - 67 - 68 - 69 - 70 - 71 - 72 - 73 - 74 - 75 - 76 - 77 - 78 - 79 - 80
81 - 82 - 83 - 84 - 85 - 86 - 87 - 88 - 89 - 90 - 91 - 92 - 93 - 94 - 95 - 96
97 - 98 - 99 - 100 **Notes:** ____________________

**Time Drills:** 1 - 2 - 3 - 4 - 5 - 6 - 7 - 8 - 9 - 10 - 11 - 12 - 13 - 14 - 15 - 16
17 - 18 - 19 - 20 - 21 - 22 - 23 - 24 - 25 - 26 - 27 - 28 - 29 - 30 - 31 - 32
33 - 34 - 35 - 36 - 37 - 38 - 39 - 40 - 41 - 42 - 43 - 44 - 45 - 46 - 47 - 48
49 - 50 - 51 - 52 - 53 - 54 - 55 - 56 - 57 - 58 - 59 - 60 - 61 - 62 - 63 - 64
65 - 66 - 67 - 68 - 69 - 70 - 71 - 72 - 73 - 74 - 75 - 76 - 77 - 78 - 79 - 80
81 - 82 - 83 - 84 - 85 - 86 - 87 - 88 - 89 - 90 - 91 - 92 - 93 - 94 - 95 - 96
97 - 98 - 99 - 100 **Notes:** ____________________

**Time Drills:** 1 - 2 - 3 - 4 - 5 - 6 - 7 - 8 - 9 - 10 - 11 - 12 - 13 - 14 - 15 - 16
17 - 18 - 19 - 20 - 21 - 22 - 23 - 24 - 25 - 26 - 27 - 28 - 29 - 30 - 31 - 32
33 - 34 - 35 - 36 - 37 - 38 - 39 - 40 - 41 - 42 - 43 - 44 - 45 - 46 - 47 - 48
49 - 50 - 51 - 52 - 53 - 54 - 55 - 56 - 57 - 58 - 59 - 60 - 61 - 62 - 63 - 64
65 - 66 - 67 - 68 - 69 - 70 - 71 - 72 - 73 - 74 - 75 - 76 - 77 - 78 - 79 - 80
81 - 82 - 83 - 84 - 85 - 86 - 87 - 88 - 89 - 90 - 91 - 92 - 93 - 94 - 95 - 96
97 - 98 - 99 - 100 **Notes:** ____________________

**End Date:** ____________

**DRILL:**__________________________________________

**No. of Targets:**________ **Distance between Targets:**____________
**Target Used:**_______________ **Scoring Area:**_______________
**Distance from Shooter:**____________ **Rounds Required:**__________
**Shooting Position:**____________________________________
**Magazine Change: Yes - No - Multiple After How Many Rounds:**____
**Draw from Concealment: Yes - No Maximum Alloted Time:**_______
**Drill Specifics:** ____________________________________

________________________________________________

________________________________________________

**Holster Position:**____________ **Hand:** _____ **Start Date:** ________
**Spare Magazine Position:** __________ **Firearm:** _______________
**Cover Garment:** ____________________________ **Caliber:** _____
**Notes:**____________________________________________

________________________________________________

________________________________________________

**Slow Drills:** 1 - 2 - 3 - 4 - 5 - 6 - 7 - 8 - 9 - 10 - 11 - 12 - 13 - 14 - 15 - 16
17 - 18 - 19 - 20 - 21 - 22 - 23 - 24 - 25 - 26 - 27 - 28 - 29 - 30 - 31 - 32
33 - 34 - 35 - 36 - 37 - 38 - 39 - 40 - 41 - 42 - 43 - 44 - 45 - 46 - 47 - 48
49 - 50 - 51 - 52 - 53 - 54 - 55 - 56 - 57 - 58 - 59 - 60 - 61 - 62 - 63 - 64
65 - 66 - 67 - 68 - 69 - 70 - 71 - 72 - 73 - 74 - 75 - 76 - 77 - 78 - 79 - 80
81 - 82 - 83 - 84 - 85 - 86 - 87 - 88 - 89 - 90 - 91 - 92 - 93 - 94 - 95 - 96
97 - 98 - 99 - 100 **Notes:** ____________________________

________________________________________________

________________________________________________

________________________________________________

**Time Drills:** 1 - 2 - 3 - 4 - 5 - 6 - 7 - 8 - 9 - 10 - 11 - 12 - 13 - 14 - 15 - 16
17 - 18 - 19 - 20 - 21 - 22 - 23 - 24 - 25 - 26 - 27 - 28 - 29 - 30 - 31 - 32
33 - 34 - 35 - 36 - 37 - 38 - 39 - 40 - 41 - 42 - 43 - 44 - 45 - 46 - 47 - 48
49 - 50 - 51 - 52 - 53 - 54 - 55 - 56 - 57 - 58 - 59 - 60 - 61 - 62 - 63 - 64
65 - 66 - 67 - 68 - 69 - 70 - 71 - 72 - 73 - 74 - 75 - 76 - 77 - 78 - 79 - 80
81 - 82 - 83 - 84 - 85 - 86 - 87 - 88 - 89 - 90 - 91 - 92 - 93 - 94 - 95 - 96
97 - 98 - 99 - 100 **Notes:** ____________________________

________________________________________________

________________________________________________

________________________________________________

**Time Drills:** 1 - 2 - 3 - 4 - 5 - 6 - 7 - 8 - 9 - 10 - 11 - 12 - 13 - 14 - 15 - 16
17 - 18 - 19 - 20 - 21 - 22 - 23 - 24 - 25 - 26 - 27 - 28 - 29 - 30 - 31 - 32
33 - 34 - 35 - 36 - 37 - 38 - 39 - 40 - 41 - 42 - 43 - 44 - 45 - 46 - 47 - 48
49 - 50 - 51 - 52 - 53 - 54 - 55 - 56 - 57 - 58 - 59 - 60 - 61 - 62 - 63 - 64
65 - 66 - 67 - 68 - 69 - 70 - 71 - 72 - 73 - 74 - 75 - 76 - 77 - 78 - 79 - 80
81 - 82 - 83 - 84 - 85 - 86 - 87 - 88 - 89 - 90 - 91 - 92 - 93 - 94 - 95 - 96
97 - 98 - 99 - 100 **Notes:** ______________________________

______________________________________________

______________________________________________

______________________________________________

**Time Drills:** 1 - 2 - 3 - 4 - 5 - 6 - 7 - 8 - 9 - 10 - 11 - 12 - 13 - 14 - 15 - 16
17 - 18 - 19 - 20 - 21 - 22 - 23 - 24 - 25 - 26 - 27 - 28 - 29 - 30 - 31 - 32
33 - 34 - 35 - 36 - 37 - 38 - 39 - 40 - 41 - 42 - 43 - 44 - 45 - 46 - 47 - 48
49 - 50 - 51 - 52 - 53 - 54 - 55 - 56 - 57 - 58 - 59 - 60 - 61 - 62 - 63 - 64
65 - 66 - 67 - 68 - 69 - 70 - 71 - 72 - 73 - 74 - 75 - 76 - 77 - 78 - 79 - 80
81 - 82 - 83 - 84 - 85 - 86 - 87 - 88 - 89 - 90 - 91 - 92 - 93 - 94 - 95 - 96
97 - 98 - 99 - 100 **Notes:** ______________________________

______________________________________________

______________________________________________

______________________________________________

**Time Drills:** 1 - 2 - 3 - 4 - 5 - 6 - 7 - 8 - 9 - 10 - 11 - 12 - 13 - 14 - 15 - 16
17 - 18 - 19 - 20 - 21 - 22 - 23 - 24 - 25 - 26 - 27 - 28 - 29 - 30 - 31 - 32
33 - 34 - 35 - 36 - 37 - 38 - 39 - 40 - 41 - 42 - 43 - 44 - 45 - 46 - 47 - 48
49 - 50 - 51 - 52 - 53 - 54 - 55 - 56 - 57 - 58 - 59 - 60 - 61 - 62 - 63 - 64
65 - 66 - 67 - 68 - 69 - 70 - 71 - 72 - 73 - 74 - 75 - 76 - 77 - 78 - 79 - 80
81 - 82 - 83 - 84 - 85 - 86 - 87 - 88 - 89 - 90 - 91 - 92 - 93 - 94 - 95 - 96
97 - 98 - 99 - 100 **Notes:** ______________________________

______________________________________________

______________________________________________

______________________________________________

**Time Drills:** 1 - 2 - 3 - 4 - 5 - 6 - 7 - 8 - 9 - 10 - 11 - 12 - 13 - 14 - 15 - 16
17 - 18 - 19 - 20 - 21 - 22 - 23 - 24 - 25 - 26 - 27 - 28 - 29 - 30 - 31 - 32
33 - 34 - 35 - 36 - 37 - 38 - 39 - 40 - 41 - 42 - 43 - 44 - 45 - 46 - 47 - 48
49 - 50 - 51 - 52 - 53 - 54 - 55 - 56 - 57 - 58 - 59 - 60 - 61 - 62 - 63 - 64
65 - 66 - 67 - 68 - 69 - 70 - 71 - 72 - 73 - 74 - 75 - 76 - 77 - 78 - 79 - 80
81 - 82 - 83 - 84 - 85 - 86 - 87 - 88 - 89 - 90 - 91 - 92 - 93 - 94 - 95 - 96
97 - 98 - 99 - 100 **Notes:** ______________________________

______________________________________________

______________________________________________

______________________________ **End Date:** __________

**DRILL:**________________________________________

**No. of Targets:**_________ **Distance between Targets:**______________
**Target Used:**_________________ **Scoring Area:**_________________
**Distance from Shooter:**_____________ **Rounds Required:**___________
**Shooting Position:**_____________________________________
**Magazine Change: Yes - No - Multiple After How Many Rounds:**____
**Draw from Concealment: Yes - No Maximum Alloted Time:**________
**Drill Specifics:** ________________________________________

**Holster Position:**______________ **Hand:** ______ **Start Date:** _________
**Spare Magazine Position:** ____________ **Firearm:** __________________
**Cover Garment:** __________________________________ **Caliber:** ______
**Notes:**___________________________________________________

**Slow Drills:** 1 - 2 - 3 - 4 - 5 - 6 - 7 - 8 - 9 - 10 - 11 - 12 - 13 - 14 - 15 - 16
17 - 18 - 19 - 20 - 21 - 22 - 23 - 24 - 25 - 26 - 27 - 28 - 29 - 30 - 31 - 32
33 - 34 - 35 - 36 - 37 - 38 - 39 - 40 - 41 - 42 - 43 - 44 - 45 - 46 - 47 - 48
49 - 50 - 51 - 52 - 53 - 54 - 55 - 56 - 57 - 58 - 59 - 60 - 61 - 62 - 63 - 64
65 - 66 - 67 - 68 - 69 - 70 - 71 - 72 - 73 - 74 - 75 - 76 - 77 - 78 - 79 - 80
81 - 82 - 83 - 84 - 85 - 86 - 87 - 88 - 89 - 90 - 91 - 92 - 93 - 94 - 95 - 96
97 - 98 - 99 - 100 **Notes:** _________________________________

**Time Drills:** 1 - 2 - 3 - 4 - 5 - 6 - 7 - 8 - 9 - 10 - 11 - 12 - 13 - 14 - 15 - 16
17 - 18 - 19 - 20 - 21 - 22 - 23 - 24 - 25 - 26 - 27 - 28 - 29 - 30 - 31 - 32
33 - 34 - 35 - 36 - 37 - 38 - 39 - 40 - 41 - 42 - 43 - 44 - 45 - 46 - 47 - 48
49 - 50 - 51 - 52 - 53 - 54 - 55 - 56 - 57 - 58 - 59 - 60 - 61 - 62 - 63 - 64
65 - 66 - 67 - 68 - 69 - 70 - 71 - 72 - 73 - 74 - 75 - 76 - 77 - 78 - 79 - 80
81 - 82 - 83 - 84 - 85 - 86 - 87 - 88 - 89 - 90 - 91 - 92 - 93 - 94 - 95 - 96
97 - 98 - 99 - 100 **Notes:** _________________________________

**Time Drills:** 1 - 2 - 3 - 4 - 5 - 6 - 7 - 8 - 9 - 10 - 11 - 12 - 13 - 14 - 15 - 16
17 - 18 - 19 - 20 - 21 - 22 - 23 - 24 - 25 - 26 - 27 - 28 - 29 - 30 - 31 - 32
33 - 34 - 35 - 36 - 37 - 38 - 39 - 40 - 41 - 42 - 43 - 44 - 45 - 46 - 47 - 48
49 - 50 - 51 - 52 - 53 - 54 - 55 - 56 - 57 - 58 - 59 - 60 - 61 - 62 - 63 - 64
65 - 66 - 67 - 68 - 69 - 70 - 71 - 72 - 73 - 74 - 75 - 76 - 77 - 78 - 79 - 80
81 - 82 - 83 - 84 - 85 - 86 - 87 - 88 - 89 - 90 - 91 - 92 - 93 - 94 - 95 - 96
97 - 98 - 99 - 100 **Notes:** ____________________

**Time Drills:** 1 - 2 - 3 - 4 - 5 - 6 - 7 - 8 - 9 - 10 - 11 - 12 - 13 - 14 - 15 - 16
17 - 18 - 19 - 20 - 21 - 22 - 23 - 24 - 25 - 26 - 27 - 28 - 29 - 30 - 31 - 32
33 - 34 - 35 - 36 - 37 - 38 - 39 - 40 - 41 - 42 - 43 - 44 - 45 - 46 - 47 - 48
49 - 50 - 51 - 52 - 53 - 54 - 55 - 56 - 57 - 58 - 59 - 60 - 61 - 62 - 63 - 64
65 - 66 - 67 - 68 - 69 - 70 - 71 - 72 - 73 - 74 - 75 - 76 - 77 - 78 - 79 - 80
81 - 82 - 83 - 84 - 85 - 86 - 87 - 88 - 89 - 90 - 91 - 92 - 93 - 94 - 95 - 96
97 - 98 - 99 - 100 **Notes:** ____________________

**Time Drills:** 1 - 2 - 3 - 4 - 5 - 6 - 7 - 8 - 9 - 10 - 11 - 12 - 13 - 14 - 15 - 16
17 - 18 - 19 - 20 - 21 - 22 - 23 - 24 - 25 - 26 - 27 - 28 - 29 - 30 - 31 - 32
33 - 34 - 35 - 36 - 37 - 38 - 39 - 40 - 41 - 42 - 43 - 44 - 45 - 46 - 47 - 48
49 - 50 - 51 - 52 - 53 - 54 - 55 - 56 - 57 - 58 - 59 - 60 - 61 - 62 - 63 - 64
65 - 66 - 67 - 68 - 69 - 70 - 71 - 72 - 73 - 74 - 75 - 76 - 77 - 78 - 79 - 80
81 - 82 - 83 - 84 - 85 - 86 - 87 - 88 - 89 - 90 - 91 - 92 - 93 - 94 - 95 - 96
97 - 98 - 99 - 100 **Notes:** ____________________

**Time Drills:** 1 - 2 - 3 - 4 - 5 - 6 - 7 - 8 - 9 - 10 - 11 - 12 - 13 - 14 - 15 - 16
17 - 18 - 19 - 20 - 21 - 22 - 23 - 24 - 25 - 26 - 27 - 28 - 29 - 30 - 31 - 32
33 - 34 - 35 - 36 - 37 - 38 - 39 - 40 - 41 - 42 - 43 - 44 - 45 - 46 - 47 - 48
49 - 50 - 51 - 52 - 53 - 54 - 55 - 56 - 57 - 58 - 59 - 60 - 61 - 62 - 63 - 64
65 - 66 - 67 - 68 - 69 - 70 - 71 - 72 - 73 - 74 - 75 - 76 - 77 - 78 - 79 - 80
81 - 82 - 83 - 84 - 85 - 86 - 87 - 88 - 89 - 90 - 91 - 92 - 93 - 94 - 95 - 96
97 - 98 - 99 - 100 **Notes:** ____________________

**End Date:** ____________

**DRILL:**________________________________________

**No. of Targets:**________ **Distance between Targets:**____________
**Target Used:**_______________ **Scoring Area:**_______________
**Distance from Shooter:**___________ **Rounds Required:**_________
**Shooting Position:**__________________________________
**Magazine Change: Yes - No - Multiple After How Many Rounds:**____
**Draw from Concealment: Yes - No Maximum Alloted Time:**_______
**Drill Specifics:** __________________________________

**Holster Position:**___________ **Hand:** _____ **Start Date:** _______
**Spare Magazine Position:** __________ **Firearm:** ______________
**Cover Garment:** ___________________________ **Caliber:** _____
**Notes:**________________________________________

**Slow Drills:** 1 - 2 - 3 - 4 - 5 - 6 - 7 - 8 - 9 - 10 - 11 - 12 - 13 - 14 - 15 - 16
17 - 18 - 19 - 20 - 21 - 22 - 23 - 24 - 25 - 26 - 27 - 28 - 29 - 30 - 31 - 32
33 - 34 - 35 - 36 - 37 - 38 - 39 - 40 - 41 - 42 - 43 - 44 - 45 - 46 - 47 - 48
49 - 50 - 51 - 52 - 53 - 54 - 55 - 56 - 57 - 58 - 59 - 60 - 61 - 62 - 63 - 64
65 - 66 - 67 - 68 - 69 - 70 - 71 - 72 - 73 - 74 - 75 - 76 - 77 - 78 - 79 - 80
81 - 82 - 83 - 84 - 85 - 86 - 87 - 88 - 89 - 90 - 91 - 92 - 93 - 94 - 95 - 96
97 - 98 - 99 - 100 **Notes:** __________________________

**Time Drills:** 1 - 2 - 3 - 4 - 5 - 6 - 7 - 8 - 9 - 10 - 11 - 12 - 13 - 14 - 15 - 16
17 - 18 - 19 - 20 - 21 - 22 - 23 - 24 - 25 - 26 - 27 - 28 - 29 - 30 - 31 - 32
33 - 34 - 35 - 36 - 37 - 38 - 39 - 40 - 41 - 42 - 43 - 44 - 45 - 46 - 47 - 48
49 - 50 - 51 - 52 - 53 - 54 - 55 - 56 - 57 - 58 - 59 - 60 - 61 - 62 - 63 - 64
65 - 66 - 67 - 68 - 69 - 70 - 71 - 72 - 73 - 74 - 75 - 76 - 77 - 78 - 79 - 80
81 - 82 - 83 - 84 - 85 - 86 - 87 - 88 - 89 - 90 - 91 - 92 - 93 - 94 - 95 - 96
97 - 98 - 99 - 100 **Notes:** __________________________

**Time Drills:** 1 - 2 - 3 - 4 - 5 - 6 - 7 - 8 - 9 - 10 - 11 - 12 - 13 - 14 - 15 - 16
17 - 18 - 19 - 20 - 21 - 22 - 23 - 24 - 25 - 26 - 27 - 28 - 29 - 30 - 31 - 32
33 - 34 - 35 - 36 - 37 - 38 - 39 - 40 - 41 - 42 - 43 - 44 - 45 - 46 - 47 - 48
49 - 50 - 51 - 52 - 53 - 54 - 55 - 56 - 57 - 58 - 59 - 60 - 61 - 62 - 63 - 64
65 - 66 - 67 - 68 - 69 - 70 - 71 - 72 - 73 - 74 - 75 - 76 - 77 - 78 - 79 - 80
81 - 82 - 83 - 84 - 85 - 86 - 87 - 88 - 89 - 90 - 91 - 92 - 93 - 94 - 95 - 96
97 - 98 - 99 - 100 **Notes:** ____________________

**Time Drills:** 1 - 2 - 3 - 4 - 5 - 6 - 7 - 8 - 9 - 10 - 11 - 12 - 13 - 14 - 15 - 16
17 - 18 - 19 - 20 - 21 - 22 - 23 - 24 - 25 - 26 - 27 - 28 - 29 - 30 - 31 - 32
33 - 34 - 35 - 36 - 37 - 38 - 39 - 40 - 41 - 42 - 43 - 44 - 45 - 46 - 47 - 48
49 - 50 - 51 - 52 - 53 - 54 - 55 - 56 - 57 - 58 - 59 - 60 - 61 - 62 - 63 - 64
65 - 66 - 67 - 68 - 69 - 70 - 71 - 72 - 73 - 74 - 75 - 76 - 77 - 78 - 79 - 80
81 - 82 - 83 - 84 - 85 - 86 - 87 - 88 - 89 - 90 - 91 - 92 - 93 - 94 - 95 - 96
97 - 98 - 99 - 100 **Notes:** ____________________

**Time Drills:** 1 - 2 - 3 - 4 - 5 - 6 - 7 - 8 - 9 - 10 - 11 - 12 - 13 - 14 - 15 - 16
17 - 18 - 19 - 20 - 21 - 22 - 23 - 24 - 25 - 26 - 27 - 28 - 29 - 30 - 31 - 32
33 - 34 - 35 - 36 - 37 - 38 - 39 - 40 - 41 - 42 - 43 - 44 - 45 - 46 - 47 - 48
49 - 50 - 51 - 52 - 53 - 54 - 55 - 56 - 57 - 58 - 59 - 60 - 61 - 62 - 63 - 64
65 - 66 - 67 - 68 - 69 - 70 - 71 - 72 - 73 - 74 - 75 - 76 - 77 - 78 - 79 - 80
81 - 82 - 83 - 84 - 85 - 86 - 87 - 88 - 89 - 90 - 91 - 92 - 93 - 94 - 95 - 96
97 - 98 - 99 - 100 **Notes:** ____________________

**Time Drills:** 1 - 2 - 3 - 4 - 5 - 6 - 7 - 8 - 9 - 10 - 11 - 12 - 13 - 14 - 15 - 16
17 - 18 - 19 - 20 - 21 - 22 - 23 - 24 - 25 - 26 - 27 - 28 - 29 - 30 - 31 - 32
33 - 34 - 35 - 36 - 37 - 38 - 39 - 40 - 41 - 42 - 43 - 44 - 45 - 46 - 47 - 48
49 - 50 - 51 - 52 - 53 - 54 - 55 - 56 - 57 - 58 - 59 - 60 - 61 - 62 - 63 - 64
65 - 66 - 67 - 68 - 69 - 70 - 71 - 72 - 73 - 74 - 75 - 76 - 77 - 78 - 79 - 80
81 - 82 - 83 - 84 - 85 - 86 - 87 - 88 - 89 - 90 - 91 - 92 - 93 - 94 - 95 - 96
97 - 98 - 99 - 100 **Notes:** ____________________

**End Date:** ____________

**DRILL:**____________________________________________

**No. of Targets:**_________ **Distance between Targets:**______________
**Target Used:**__________________ **Scoring Area:**__________________
**Distance from Shooter:**_____________ **Rounds Required:**___________
**Shooting Position:**__________________________________________
**Magazine Change: Yes - No - Multiple After How Many Rounds:**____
**Draw from Concealment: Yes - No Maximum Alloted Time:**________
**Drill Specifics:** __________________________________________

**Holster Position:**______________ **Hand:** ______ **Start Date:** _________
**Spare Magazine Position:** ____________ **Firearm:** __________________
**Cover Garment:** __________________________________ **Caliber:** ______
**Notes:**________________________________________________________

**Slow Drills:** 1 - 2 - 3 - 4 - 5 - 6 - 7 - 8 - 9 - 10 - 11 - 12 - 13 - 14 - 15 - 16
17 - 18 - 19 - 20 - 21 - 22 - 23 - 24 - 25 - 26 - 27 - 28 - 29 - 30 - 31 - 32
33 - 34 - 35 - 36 - 37 - 38 - 39 - 40 - 41 - 42 - 43 - 44 - 45 - 46 - 47 - 48
49 - 50 - 51 - 52 - 53 - 54 - 55 - 56 - 57 - 58 - 59 - 60 - 61 - 62 - 63 - 64
65 - 66 - 67 - 68 - 69 - 70 - 71 - 72 - 73 - 74 - 75 - 76 - 77 - 78 - 79 - 80
81 - 82 - 83 - 84 - 85 - 86 - 87 - 88 - 89 - 90 - 91 - 92 - 93 - 94 - 95 - 96
97 - 98 - 99 - 100 **Notes:** ______________________________

**Time Drills:** 1 - 2 - 3 - 4 - 5 - 6 - 7 - 8 - 9 - 10 - 11 - 12 - 13 - 14 - 15 - 16
17 - 18 - 19 - 20 - 21 - 22 - 23 - 24 - 25 - 26 - 27 - 28 - 29 - 30 - 31 - 32
33 - 34 - 35 - 36 - 37 - 38 - 39 - 40 - 41 - 42 - 43 - 44 - 45 - 46 - 47 - 48
49 - 50 - 51 - 52 - 53 - 54 - 55 - 56 - 57 - 58 - 59 - 60 - 61 - 62 - 63 - 64
65 - 66 - 67 - 68 - 69 - 70 - 71 - 72 - 73 - 74 - 75 - 76 - 77 - 78 - 79 - 80
81 - 82 - 83 - 84 - 85 - 86 - 87 - 88 - 89 - 90 - 91 - 92 - 93 - 94 - 95 - 96
97 - 98 - 99 - 100 **Notes:** ______________________________

**Time Drills:** 1 - 2 - 3 - 4 - 5 - 6 - 7 - 8 - 9 - 10 - 11 - 12 - 13 - 14 - 15 - 16
17 - 18 - 19 - 20 - 21 - 22 - 23 - 24 - 25 - 26 - 27 - 28 - 29 - 30 - 31 - 32
33 - 34 - 35 - 36 - 37 - 38 - 39 - 40 - 41 - 42 - 43 - 44 - 45 - 46 - 47 - 48
49 - 50 - 51 - 52 - 53 - 54 - 55 - 56 - 57 - 58 - 59 - 60 - 61 - 62 - 63 - 64
65 - 66 - 67 - 68 - 69 - 70 - 71 - 72 - 73 - 74 - 75 - 76 - 77 - 78 - 79 - 80
81 - 82 - 83 - 84 - 85 - 86 - 87 - 88 - 89 - 90 - 91 - 92 - 93 - 94 - 95 - 96
97 - 98 - 99 - 100 **Notes:** ______________________________

______________________________________________________________

______________________________________________________________

______________________________________________________________

**Time Drills:** 1 - 2 - 3 - 4 - 5 - 6 - 7 - 8 - 9 - 10 - 11 - 12 - 13 - 14 - 15 - 16
17 - 18 - 19 - 20 - 21 - 22 - 23 - 24 - 25 - 26 - 27 - 28 - 29 - 30 - 31 - 32
33 - 34 - 35 - 36 - 37 - 38 - 39 - 40 - 41 - 42 - 43 - 44 - 45 - 46 - 47 - 48
49 - 50 - 51 - 52 - 53 - 54 - 55 - 56 - 57 - 58 - 59 - 60 - 61 - 62 - 63 - 64
65 - 66 - 67 - 68 - 69 - 70 - 71 - 72 - 73 - 74 - 75 - 76 - 77 - 78 - 79 - 80
81 - 82 - 83 - 84 - 85 - 86 - 87 - 88 - 89 - 90 - 91 - 92 - 93 - 94 - 95 - 96
97 - 98 - 99 - 100 **Notes:** ______________________________

______________________________________________________________

______________________________________________________________

______________________________________________________________

**Time Drills:** 1 - 2 - 3 - 4 - 5 - 6 - 7 - 8 - 9 - 10 - 11 - 12 - 13 - 14 - 15 - 16
17 - 18 - 19 - 20 - 21 - 22 - 23 - 24 - 25 - 26 - 27 - 28 - 29 - 30 - 31 - 32
33 - 34 - 35 - 36 - 37 - 38 - 39 - 40 - 41 - 42 - 43 - 44 - 45 - 46 - 47 - 48
49 - 50 - 51 - 52 - 53 - 54 - 55 - 56 - 57 - 58 - 59 - 60 - 61 - 62 - 63 - 64
65 - 66 - 67 - 68 - 69 - 70 - 71 - 72 - 73 - 74 - 75 - 76 - 77 - 78 - 79 - 80
81 - 82 - 83 - 84 - 85 - 86 - 87 - 88 - 89 - 90 - 91 - 92 - 93 - 94 - 95 - 96
97 - 98 - 99 - 100 **Notes:** ______________________________

______________________________________________________________

______________________________________________________________

______________________________________________________________

**Time Drills:** 1 - 2 - 3 - 4 - 5 - 6 - 7 - 8 - 9 - 10 - 11 - 12 - 13 - 14 - 15 - 16
17 - 18 - 19 - 20 - 21 - 22 - 23 - 24 - 25 - 26 - 27 - 28 - 29 - 30 - 31 - 32
33 - 34 - 35 - 36 - 37 - 38 - 39 - 40 - 41 - 42 - 43 - 44 - 45 - 46 - 47 - 48
49 - 50 - 51 - 52 - 53 - 54 - 55 - 56 - 57 - 58 - 59 - 60 - 61 - 62 - 63 - 64
65 - 66 - 67 - 68 - 69 - 70 - 71 - 72 - 73 - 74 - 75 - 76 - 77 - 78 - 79 - 80
81 - 82 - 83 - 84 - 85 - 86 - 87 - 88 - 89 - 90 - 91 - 92 - 93 - 94 - 95 - 96
97 - 98 - 99 - 100 **Notes:** ______________________________

______________________________________________________________

______________________________________________________________

_______________________________________ **End Date:** ____________

**DRILL:**________________________________________

**No. of Targets:**_________ **Distance between Targets:**_______________
**Target Used:**__________________ **Scoring Area:**__________________
**Distance from Shooter:**_____________ **Rounds Required:**___________
**Shooting Position:**___________________________________________
**Magazine Change: Yes - No - Multiple After How Many Rounds:**____
**Draw from Concealment: Yes - No Maximum Alloted Time:**________
**Drill Specifics:** ____________________________________________

**Holster Position:**_____________ **Hand:** ______ **Start Date:** ________
**Spare Magazine Position:** ___________ **Firearm:** __________________
**Cover Garment:** ________________________________ **Caliber:** ______
**Notes:**______________________________________________________

**Slow Drills:** 1 - 2 - 3 - 4 - 5 - 6 - 7 - 8 - 9 - 10 - 11 - 12 - 13 - 14 - 15 - 16
17 - 18 - 19 - 20 - 21 - 22 - 23 - 24 - 25 - 26 - 27 - 28 - 29 - 30 - 31 - 32
33 - 34 - 35 - 36 - 37 - 38 - 39 - 40 - 41 - 42 - 43 - 44 - 45 - 46 - 47 - 48
49 - 50 - 51 - 52 - 53 - 54 - 55 - 56 - 57 - 58 - 59 - 60 - 61 - 62 - 63 - 64
65 - 66 - 67 - 68 - 69 - 70 - 71 - 72 - 73 - 74 - 75 - 76 - 77 - 78 - 79 - 80
81 - 82 - 83 - 84 - 85 - 86 - 87 - 88 - 89 - 90 - 91 - 92 - 93 - 94 - 95 - 96
97 - 98 - 99 - 100 **Notes:** ____________________________________

**Time Drills:** 1 - 2 - 3 - 4 - 5 - 6 - 7 - 8 - 9 - 10 - 11 - 12 - 13 - 14 - 15 - 16
17 - 18 - 19 - 20 - 21 - 22 - 23 - 24 - 25 - 26 - 27 - 28 - 29 - 30 - 31 - 32
33 - 34 - 35 - 36 - 37 - 38 - 39 - 40 - 41 - 42 - 43 - 44 - 45 - 46 - 47 - 48
49 - 50 - 51 - 52 - 53 - 54 - 55 - 56 - 57 - 58 - 59 - 60 - 61 - 62 - 63 - 64
65 - 66 - 67 - 68 - 69 - 70 - 71 - 72 - 73 - 74 - 75 - 76 - 77 - 78 - 79 - 80
81 - 82 - 83 - 84 - 85 - 86 - 87 - 88 - 89 - 90 - 91 - 92 - 93 - 94 - 95 - 96
97 - 98 - 99 - 100 **Notes:** ____________________________________

**Time Drills:** 1 - 2 - 3 - 4 - 5 - 6 - 7 - 8 - 9 - 10 - 11 - 12 - 13 - 14 - 15 - 16
17 - 18 - 19 - 20 - 21 - 22 - 23 - 24 - 25 - 26 - 27 - 28 - 29 - 30 - 31 - 32
33 - 34 - 35 - 36 - 37 - 38 - 39 - 40 - 41 - 42 - 43 - 44 - 45 - 46 - 47 - 48
49 - 50 - 51 - 52 - 53 - 54 - 55 - 56 - 57 - 58 - 59 - 60 - 61 - 62 - 63 - 64
65 - 66 - 67 - 68 - 69 - 70 - 71 - 72 - 73 - 74 - 75 - 76 - 77 - 78 - 79 - 80
81 - 82 - 83 - 84 - 85 - 86 - 87 - 88 - 89 - 90 - 91 - 92 - 93 - 94 - 95 - 96
97 - 98 - 99 - 100 **Notes:** ______________________________

______________________________________________

______________________________________________

______________________________________________

**Time Drills:** 1 - 2 - 3 - 4 - 5 - 6 - 7 - 8 - 9 - 10 - 11 - 12 - 13 - 14 - 15 - 16
17 - 18 - 19 - 20 - 21 - 22 - 23 - 24 - 25 - 26 - 27 - 28 - 29 - 30 - 31 - 32
33 - 34 - 35 - 36 - 37 - 38 - 39 - 40 - 41 - 42 - 43 - 44 - 45 - 46 - 47 - 48
49 - 50 - 51 - 52 - 53 - 54 - 55 - 56 - 57 - 58 - 59 - 60 - 61 - 62 - 63 - 64
65 - 66 - 67 - 68 - 69 - 70 - 71 - 72 - 73 - 74 - 75 - 76 - 77 - 78 - 79 - 80
81 - 82 - 83 - 84 - 85 - 86 - 87 - 88 - 89 - 90 - 91 - 92 - 93 - 94 - 95 - 96
97 - 98 - 99 - 100 **Notes:** ______________________________

______________________________________________

______________________________________________

______________________________________________

**Time Drills:** 1 - 2 - 3 - 4 - 5 - 6 - 7 - 8 - 9 - 10 - 11 - 12 - 13 - 14 - 15 - 16
17 - 18 - 19 - 20 - 21 - 22 - 23 - 24 - 25 - 26 - 27 - 28 - 29 - 30 - 31 - 32
33 - 34 - 35 - 36 - 37 - 38 - 39 - 40 - 41 - 42 - 43 - 44 - 45 - 46 - 47 - 48
49 - 50 - 51 - 52 - 53 - 54 - 55 - 56 - 57 - 58 - 59 - 60 - 61 - 62 - 63 - 64
65 - 66 - 67 - 68 - 69 - 70 - 71 - 72 - 73 - 74 - 75 - 76 - 77 - 78 - 79 - 80
81 - 82 - 83 - 84 - 85 - 86 - 87 - 88 - 89 - 90 - 91 - 92 - 93 - 94 - 95 - 96
97 - 98 - 99 - 100 **Notes:** ______________________________

______________________________________________

______________________________________________

______________________________________________

**Time Drills:** 1 - 2 - 3 - 4 - 5 - 6 - 7 - 8 - 9 - 10 - 11 - 12 - 13 - 14 - 15 - 16
17 - 18 - 19 - 20 - 21 - 22 - 23 - 24 - 25 - 26 - 27 - 28 - 29 - 30 - 31 - 32
33 - 34 - 35 - 36 - 37 - 38 - 39 - 40 - 41 - 42 - 43 - 44 - 45 - 46 - 47 - 48
49 - 50 - 51 - 52 - 53 - 54 - 55 - 56 - 57 - 58 - 59 - 60 - 61 - 62 - 63 - 64
65 - 66 - 67 - 68 - 69 - 70 - 71 - 72 - 73 - 74 - 75 - 76 - 77 - 78 - 79 - 80
81 - 82 - 83 - 84 - 85 - 86 - 87 - 88 - 89 - 90 - 91 - 92 - 93 - 94 - 95 - 96
97 - 98 - 99 - 100 **Notes:** ______________________________

______________________________________________

______________________________________________

______________________________ **End Date:** __________

**DRILL:**________________________________________

**No. of Targets:**_________ **Distance between Targets:**_______________
**Target Used:**__________________ **Scoring Area:**__________________
**Distance from Shooter:**_____________ **Rounds Required:**___________
**Shooting Position:**___________________________________________
**Magazine Change: Yes - No - Multiple After How Many Rounds:**____
**Draw from Concealment: Yes - No Maximum Alloted Time:**________
**Drill Specifics:** ______________________________________________

**Holster Position:**_____________ **Hand:** ______ **Start Date:** _________
**Spare Magazine Position:** ___________ **Firearm:** __________________
**Cover Garment:** _______________________________ **Caliber:** ______
**Notes:**_______________________________________________________

**Slow Drills:** 1 - 2 - 3 - 4 - 5 - 6 - 7 - 8 - 9 - 10 - 11 - 12 - 13 - 14 - 15 - 16
17 - 18 - 19 - 20 - 21 - 22 - 23 - 24 - 25 - 26 - 27 - 28 - 29 - 30 - 31 - 32
33 - 34 - 35 - 36 - 37 - 38 - 39 - 40 - 41 - 42 - 43 - 44 - 45 - 46 - 47 - 48
49 - 50 - 51 - 52 - 53 - 54 - 55 - 56 - 57 - 58 - 59 - 60 - 61 - 62 - 63 - 64
65 - 66 - 67 - 68 - 69 - 70 - 71 - 72 - 73 - 74 - 75 - 76 - 77 - 78 - 79 - 80
81 - 82 - 83 - 84 - 85 - 86 - 87 - 88 - 89 - 90 - 91 - 92 - 93 - 94 - 95 - 96
97 - 98 - 99 - 100 **Notes:** __________________________________

**Time Drills:** 1 - 2 - 3 - 4 - 5 - 6 - 7 - 8 - 9 - 10 - 11 - 12 - 13 - 14 - 15 - 16
17 - 18 - 19 - 20 - 21 - 22 - 23 - 24 - 25 - 26 - 27 - 28 - 29 - 30 - 31 - 32
33 - 34 - 35 - 36 - 37 - 38 - 39 - 40 - 41 - 42 - 43 - 44 - 45 - 46 - 47 - 48
49 - 50 - 51 - 52 - 53 - 54 - 55 - 56 - 57 - 58 - 59 - 60 - 61 - 62 - 63 - 64
65 - 66 - 67 - 68 - 69 - 70 - 71 - 72 - 73 - 74 - 75 - 76 - 77 - 78 - 79 - 80
81 - 82 - 83 - 84 - 85 - 86 - 87 - 88 - 89 - 90 - 91 - 92 - 93 - 94 - 95 - 96
97 - 98 - 99 - 100 **Notes:** __________________________________

**Time Drills:** 1 - 2 - 3 - 4 - 5 - 6 - 7 - 8 - 9 - 10 - 11 - 12 - 13 - 14 - 15 - 16
17 - 18 - 19 - 20 - 21 - 22 - 23 - 24 - 25 - 26 - 27 - 28 - 29 - 30 - 31 - 32
33 - 34 - 35 - 36 - 37 - 38 - 39 - 40 - 41 - 42 - 43 - 44 - 45 - 46 - 47 - 48
49 - 50 - 51 - 52 - 53 - 54 - 55 - 56 - 57 - 58 - 59 - 60 - 61 - 62 - 63 - 64
65 - 66 - 67 - 68 - 69 - 70 - 71 - 72 - 73 - 74 - 75 - 76 - 77 - 78 - 79 - 80
81 - 82 - 83 - 84 - 85 - 86 - 87 - 88 - 89 - 90 - 91 - 92 - 93 - 94 - 95 - 96
97 - 98 - 99 - 100 **Notes:** ______________________________

______________________________________________

______________________________________________

______________________________________________

**Time Drills:** 1 - 2 - 3 - 4 - 5 - 6 - 7 - 8 - 9 - 10 - 11 - 12 - 13 - 14 - 15 - 16
17 - 18 - 19 - 20 - 21 - 22 - 23 - 24 - 25 - 26 - 27 - 28 - 29 - 30 - 31 - 32
33 - 34 - 35 - 36 - 37 - 38 - 39 - 40 - 41 - 42 - 43 - 44 - 45 - 46 - 47 - 48
49 - 50 - 51 - 52 - 53 - 54 - 55 - 56 - 57 - 58 - 59 - 60 - 61 - 62 - 63 - 64
65 - 66 - 67 - 68 - 69 - 70 - 71 - 72 - 73 - 74 - 75 - 76 - 77 - 78 - 79 - 80
81 - 82 - 83 - 84 - 85 - 86 - 87 - 88 - 89 - 90 - 91 - 92 - 93 - 94 - 95 - 96
97 - 98 - 99 - 100 **Notes:** ______________________________

______________________________________________

______________________________________________

______________________________________________

**Time Drills:** 1 - 2 - 3 - 4 - 5 - 6 - 7 - 8 - 9 - 10 - 11 - 12 - 13 - 14 - 15 - 16
17 - 18 - 19 - 20 - 21 - 22 - 23 - 24 - 25 - 26 - 27 - 28 - 29 - 30 - 31 - 32
33 - 34 - 35 - 36 - 37 - 38 - 39 - 40 - 41 - 42 - 43 - 44 - 45 - 46 - 47 - 48
49 - 50 - 51 - 52 - 53 - 54 - 55 - 56 - 57 - 58 - 59 - 60 - 61 - 62 - 63 - 64
65 - 66 - 67 - 68 - 69 - 70 - 71 - 72 - 73 - 74 - 75 - 76 - 77 - 78 - 79 - 80
81 - 82 - 83 - 84 - 85 - 86 - 87 - 88 - 89 - 90 - 91 - 92 - 93 - 94 - 95 - 96
97 - 98 - 99 - 100 **Notes:** ______________________________

______________________________________________

______________________________________________

______________________________________________

**Time Drills:** 1 - 2 - 3 - 4 - 5 - 6 - 7 - 8 - 9 - 10 - 11 - 12 - 13 - 14 - 15 - 16
17 - 18 - 19 - 20 - 21 - 22 - 23 - 24 - 25 - 26 - 27 - 28 - 29 - 30 - 31 - 32
33 - 34 - 35 - 36 - 37 - 38 - 39 - 40 - 41 - 42 - 43 - 44 - 45 - 46 - 47 - 48
49 - 50 - 51 - 52 - 53 - 54 - 55 - 56 - 57 - 58 - 59 - 60 - 61 - 62 - 63 - 64
65 - 66 - 67 - 68 - 69 - 70 - 71 - 72 - 73 - 74 - 75 - 76 - 77 - 78 - 79 - 80
81 - 82 - 83 - 84 - 85 - 86 - 87 - 88 - 89 - 90 - 91 - 92 - 93 - 94 - 95 - 96
97 - 98 - 99 - 100 **Notes:** ______________________________

______________________________________________

______________________________________________

______________________________ **End Date:** __________

**DRILL:**________________________________________

**No. of Targets:**_________ **Distance between Targets:**____________
**Target Used:**__________________ **Scoring Area:**__________________
**Distance from Shooter:**_____________ **Rounds Required:**___________
**Shooting Position:**________________________________________
**Magazine Change: Yes - No - Multiple After How Many Rounds:**____
**Draw from Concealment: Yes - No Maximum Alloted Time:**________
**Drill Specifics:** ________________________________________

____________________________________________________

____________________________________________________

**Holster Position:**_____________ **Hand:** ______ **Start Date:** ________
**Spare Magazine Position:** ___________ **Firearm:** __________________
**Cover Garment:** _______________________________ **Caliber:** ______
**Notes:**_______________________________________________

____________________________________________________

____________________________________________________

**Slow Drills:** 1 - 2 - 3 - 4 - 5 - 6 - 7 - 8 - 9 - 10 - 11 - 12 - 13 - 14 - 15 - 16
17 - 18 - 19 - 20 - 21 - 22 - 23 - 24 - 25 - 26 - 27 - 28 - 29 - 30 - 31 - 32
33 - 34 - 35 - 36 - 37 - 38 - 39 - 40 - 41 - 42 - 43 - 44 - 45 - 46 - 47 - 48
49 - 50 - 51 - 52 - 53 - 54 - 55 - 56 - 57 - 58 - 59 - 60 - 61 - 62 - 63 - 64
65 - 66 - 67 - 68 - 69 - 70 - 71 - 72 - 73 - 74 - 75 - 76 - 77 - 78 - 79 - 80
81 - 82 - 83 - 84 - 85 - 86 - 87 - 88 - 89 - 90 - 91 - 92 - 93 - 94 - 95 - 96
97 - 98 - 99 - 100 **Notes:** ________________________________

____________________________________________________

____________________________________________________

____________________________________________________

**Time Drills:** 1 - 2 - 3 - 4 - 5 - 6 - 7 - 8 - 9 - 10 - 11 - 12 - 13 - 14 - 15 - 16
17 - 18 - 19 - 20 - 21 - 22 - 23 - 24 - 25 - 26 - 27 - 28 - 29 - 30 - 31 - 32
33 - 34 - 35 - 36 - 37 - 38 - 39 - 40 - 41 - 42 - 43 - 44 - 45 - 46 - 47 - 48
49 - 50 - 51 - 52 - 53 - 54 - 55 - 56 - 57 - 58 - 59 - 60 - 61 - 62 - 63 - 64
65 - 66 - 67 - 68 - 69 - 70 - 71 - 72 - 73 - 74 - 75 - 76 - 77 - 78 - 79 - 80
81 - 82 - 83 - 84 - 85 - 86 - 87 - 88 - 89 - 90 - 91 - 92 - 93 - 94 - 95 - 96
97 - 98 - 99 - 100 **Notes:** ________________________________

____________________________________________________

____________________________________________________

____________________________________________________

**Time Drills:** 1 - 2 - 3 - 4 - 5 - 6 - 7 - 8 - 9 - 10 - 11 - 12 - 13 - 14 - 15 - 16
17 - 18 - 19 - 20 - 21 - 22 - 23 - 24 - 25 - 26 - 27 - 28 - 29 - 30 - 31 - 32
33 - 34 - 35 - 36 - 37 - 38 - 39 - 40 - 41 - 42 - 43 - 44 - 45 - 46 - 47 - 48
49 - 50 - 51 - 52 - 53 - 54 - 55 - 56 - 57 - 58 - 59 - 60 - 61 - 62 - 63 - 64
65 - 66 - 67 - 68 - 69 - 70 - 71 - 72 - 73 - 74 - 75 - 76 - 77 - 78 - 79 - 80
81 - 82 - 83 - 84 - 85 - 86 - 87 - 88 - 89 - 90 - 91 - 92 - 93 - 94 - 95 - 96
97 - 98 - 99 - 100 **Notes:** ______________________________

______________________________________________

______________________________________________

______________________________________________

**Time Drills:** 1 - 2 - 3 - 4 - 5 - 6 - 7 - 8 - 9 - 10 - 11 - 12 - 13 - 14 - 15 - 16
17 - 18 - 19 - 20 - 21 - 22 - 23 - 24 - 25 - 26 - 27 - 28 - 29 - 30 - 31 - 32
33 - 34 - 35 - 36 - 37 - 38 - 39 - 40 - 41 - 42 - 43 - 44 - 45 - 46 - 47 - 48
49 - 50 - 51 - 52 - 53 - 54 - 55 - 56 - 57 - 58 - 59 - 60 - 61 - 62 - 63 - 64
65 - 66 - 67 - 68 - 69 - 70 - 71 - 72 - 73 - 74 - 75 - 76 - 77 - 78 - 79 - 80
81 - 82 - 83 - 84 - 85 - 86 - 87 - 88 - 89 - 90 - 91 - 92 - 93 - 94 - 95 - 96
97 - 98 - 99 - 100 **Notes:** ______________________________

______________________________________________

______________________________________________

______________________________________________

**Time Drills:** 1 - 2 - 3 - 4 - 5 - 6 - 7 - 8 - 9 - 10 - 11 - 12 - 13 - 14 - 15 - 16
17 - 18 - 19 - 20 - 21 - 22 - 23 - 24 - 25 - 26 - 27 - 28 - 29 - 30 - 31 - 32
33 - 34 - 35 - 36 - 37 - 38 - 39 - 40 - 41 - 42 - 43 - 44 - 45 - 46 - 47 - 48
49 - 50 - 51 - 52 - 53 - 54 - 55 - 56 - 57 - 58 - 59 - 60 - 61 - 62 - 63 - 64
65 - 66 - 67 - 68 - 69 - 70 - 71 - 72 - 73 - 74 - 75 - 76 - 77 - 78 - 79 - 80
81 - 82 - 83 - 84 - 85 - 86 - 87 - 88 - 89 - 90 - 91 - 92 - 93 - 94 - 95 - 96
97 - 98 - 99 - 100 **Notes:** ______________________________

______________________________________________

______________________________________________

______________________________________________

**Time Drills:** 1 - 2 - 3 - 4 - 5 - 6 - 7 - 8 - 9 - 10 - 11 - 12 - 13 - 14 - 15 - 16
17 - 18 - 19 - 20 - 21 - 22 - 23 - 24 - 25 - 26 - 27 - 28 - 29 - 30 - 31 - 32
33 - 34 - 35 - 36 - 37 - 38 - 39 - 40 - 41 - 42 - 43 - 44 - 45 - 46 - 47 - 48
49 - 50 - 51 - 52 - 53 - 54 - 55 - 56 - 57 - 58 - 59 - 60 - 61 - 62 - 63 - 64
65 - 66 - 67 - 68 - 69 - 70 - 71 - 72 - 73 - 74 - 75 - 76 - 77 - 78 - 79 - 80
81 - 82 - 83 - 84 - 85 - 86 - 87 - 88 - 89 - 90 - 91 - 92 - 93 - 94 - 95 - 96
97 - 98 - 99 - 100 **Notes:** ______________________________

______________________________________________

______________________________________________

______________________________ **End Date:** __________

**DRILL:**__________________________________________

**No. of Targets:**________ **Distance between Targets:**__________
**Target Used:**_______________ **Scoring Area:**______________
**Distance from Shooter:**__________ **Rounds Required:**________
**Shooting Position:**____________________________________
**Magazine Change: Yes - No - Multiple After How Many Rounds:**____
**Draw from Concealment: Yes - No Maximum Alloted Time:**_______
**Drill Specifics:** ______________________________________

**Holster Position:**___________ **Hand:** _____ **Start Date:** _______
**Spare Magazine Position:** __________ **Firearm:** _____________
**Cover Garment:** ____________________________ **Caliber:** _____
**Notes:**________________________________________________

**Slow Drills:** 1 - 2 - 3 - 4 - 5 - 6 - 7 - 8 - 9 - 10 - 11 - 12 - 13 - 14 - 15 - 16
17 - 18 - 19 - 20 - 21 - 22 - 23 - 24 - 25 - 26 - 27 - 28 - 29 - 30 - 31 - 32
33 - 34 - 35 - 36 - 37 - 38 - 39 - 40 - 41 - 42 - 43 - 44 - 45 - 46 - 47 - 48
49 - 50 - 51 - 52 - 53 - 54 - 55 - 56 - 57 - 58 - 59 - 60 - 61 - 62 - 63 - 64
65 - 66 - 67 - 68 - 69 - 70 - 71 - 72 - 73 - 74 - 75 - 76 - 77 - 78 - 79 - 80
81 - 82 - 83 - 84 - 85 - 86 - 87 - 88 - 89 - 90 - 91 - 92 - 93 - 94 - 95 - 96
97 - 98 - 99 - 100 **Notes:** _____________________________

**Time Drills:** 1 - 2 - 3 - 4 - 5 - 6 - 7 - 8 - 9 - 10 - 11 - 12 - 13 - 14 - 15 - 16
17 - 18 - 19 - 20 - 21 - 22 - 23 - 24 - 25 - 26 - 27 - 28 - 29 - 30 - 31 - 32
33 - 34 - 35 - 36 - 37 - 38 - 39 - 40 - 41 - 42 - 43 - 44 - 45 - 46 - 47 - 48
49 - 50 - 51 - 52 - 53 - 54 - 55 - 56 - 57 - 58 - 59 - 60 - 61 - 62 - 63 - 64
65 - 66 - 67 - 68 - 69 - 70 - 71 - 72 - 73 - 74 - 75 - 76 - 77 - 78 - 79 - 80
81 - 82 - 83 - 84 - 85 - 86 - 87 - 88 - 89 - 90 - 91 - 92 - 93 - 94 - 95 - 96
97 - 98 - 99 - 100 **Notes:** _____________________________

**Time Drills:** 1 - 2 - 3 - 4 - 5 - 6 - 7 - 8 - 9 - 10 - 11 - 12 - 13 - 14 - 15 - 16
17 - 18 - 19 - 20 - 21 - 22 - 23 - 24 - 25 - 26 - 27 - 28 - 29 - 30 - 31 - 32
33 - 34 - 35 - 36 - 37 - 38 - 39 - 40 - 41 - 42 - 43 - 44 - 45 - 46 - 47 - 48
49 - 50 - 51 - 52 - 53 - 54 - 55 - 56 - 57 - 58 - 59 - 60 - 61 - 62 - 63 - 64
65 - 66 - 67 - 68 - 69 - 70 - 71 - 72 - 73 - 74 - 75 - 76 - 77 - 78 - 79 - 80
81 - 82 - 83 - 84 - 85 - 86 - 87 - 88 - 89 - 90 - 91 - 92 - 93 - 94 - 95 - 96
97 - 98 - 99 - 100 **Notes:** ______________________________

______________________________________________

______________________________________________

______________________________________________

**Time Drills:** 1 - 2 - 3 - 4 - 5 - 6 - 7 - 8 - 9 - 10 - 11 - 12 - 13 - 14 - 15 - 16
17 - 18 - 19 - 20 - 21 - 22 - 23 - 24 - 25 - 26 - 27 - 28 - 29 - 30 - 31 - 32
33 - 34 - 35 - 36 - 37 - 38 - 39 - 40 - 41 - 42 - 43 - 44 - 45 - 46 - 47 - 48
49 - 50 - 51 - 52 - 53 - 54 - 55 - 56 - 57 - 58 - 59 - 60 - 61 - 62 - 63 - 64
65 - 66 - 67 - 68 - 69 - 70 - 71 - 72 - 73 - 74 - 75 - 76 - 77 - 78 - 79 - 80
81 - 82 - 83 - 84 - 85 - 86 - 87 - 88 - 89 - 90 - 91 - 92 - 93 - 94 - 95 - 96
97 - 98 - 99 - 100 **Notes:** ______________________________

______________________________________________

______________________________________________

______________________________________________

**Time Drills:** 1 - 2 - 3 - 4 - 5 - 6 - 7 - 8 - 9 - 10 - 11 - 12 - 13 - 14 - 15 - 16
17 - 18 - 19 - 20 - 21 - 22 - 23 - 24 - 25 - 26 - 27 - 28 - 29 - 30 - 31 - 32
33 - 34 - 35 - 36 - 37 - 38 - 39 - 40 - 41 - 42 - 43 - 44 - 45 - 46 - 47 - 48
49 - 50 - 51 - 52 - 53 - 54 - 55 - 56 - 57 - 58 - 59 - 60 - 61 - 62 - 63 - 64
65 - 66 - 67 - 68 - 69 - 70 - 71 - 72 - 73 - 74 - 75 - 76 - 77 - 78 - 79 - 80
81 - 82 - 83 - 84 - 85 - 86 - 87 - 88 - 89 - 90 - 91 - 92 - 93 - 94 - 95 - 96
97 - 98 - 99 - 100 **Notes:** ______________________________

______________________________________________

______________________________________________

______________________________________________

**Time Drills:** 1 - 2 - 3 - 4 - 5 - 6 - 7 - 8 - 9 - 10 - 11 - 12 - 13 - 14 - 15 - 16
17 - 18 - 19 - 20 - 21 - 22 - 23 - 24 - 25 - 26 - 27 - 28 - 29 - 30 - 31 - 32
33 - 34 - 35 - 36 - 37 - 38 - 39 - 40 - 41 - 42 - 43 - 44 - 45 - 46 - 47 - 48
49 - 50 - 51 - 52 - 53 - 54 - 55 - 56 - 57 - 58 - 59 - 60 - 61 - 62 - 63 - 64
65 - 66 - 67 - 68 - 69 - 70 - 71 - 72 - 73 - 74 - 75 - 76 - 77 - 78 - 79 - 80
81 - 82 - 83 - 84 - 85 - 86 - 87 - 88 - 89 - 90 - 91 - 92 - 93 - 94 - 95 - 96
97 - 98 - 99 - 100 **Notes:** ______________________________

______________________________________________

______________________________________________

______________________________ **End Date:** ____________

# ADDITIONAL NOTES

**Previous Page:_______ Drill:________________________________ Rep #:_____**

**Previous Page:_______ Drill:________________________________ Rep #:_____**

**Previous Page:_______ Drill:________________________________ Rep #:_____**

**Previous Page:_______ Drill:________________________________ Rep #:_______**

# ADDITIONAL NOTES

**Previous Page:_______ Drill:_________________________________ Rep #:_____**

**Previous Page:_______ Drill:_________________________________ Rep #:_____**

**Previous Page:_______ Drill:_________________________________ Rep #:_____**

**Previous Page:_______ Drill:_________________________________ Rep #:_____**

# ADDITIONAL NOTES

**Previous Page:**_______ **Drill:**________________________________ **Rep #:**_____

**Previous Page:**_______ **Drill:**________________________________ **Rep #:**_____

**Previous Page:**_______ **Drill:**________________________________ **Rep #:**_____

**Previous Page:**_______ **Drill:**________________________________ **Rep #:**______

# ADDITIONAL NOTES

**Previous Page:_______ Drill:________________________________ Rep #:_____**

**Previous Page:_______ Drill:________________________________ Rep #:_____**

**Previous Page:_______ Drill:________________________________ Rep #:_____**

**Previous Page:_______ Drill:________________________________ Rep #:_____**

# ADDITIONAL NOTES

**Previous Page:_______ Drill:_________________________________ Rep #:_____**

**Previous Page:_______ Drill:_________________________________ Rep #:_____**

**Previous Page:_______ Drill:_________________________________ Rep #:_____**

**Previous Page:_______ Drill:_________________________________ Rep #:_______**

# ADDITIONAL NOTES

**Previous Page:_______ Drill:________________________________ Rep #:_____**

**Previous Page:_______ Drill:________________________________ Rep #:_____**

**Previous Page:_______ Drill:________________________________ Rep #:_____**

**Previous Page:_______ Drill:________________________________ Rep #:_____**

# ADDITIONAL NOTES

**Previous Page:_______ Drill:________________________________ Rep #:_____**

**Previous Page:_______ Drill:________________________________ Rep #:_____**

**Previous Page:_______ Drill:________________________________ Rep #:_____**

**Previous Page:_______ Drill:________________________________ Rep #:_______**

# ADDITIONAL NOTES

**Previous Page:_______ Drill:________________________________ Rep #:_____**

**Previous Page:_______ Drill:________________________________ Rep #:_____**

**Previous Page:_______ Drill:________________________________ Rep #:_____**

**Previous Page:_______ Drill:________________________________ Rep #:_____**

# ADDITIONAL NOTES

**Previous Page:**_______ **Drill:**________________________________ **Rep #:**_____

**Previous Page:**_______ **Drill:**________________________________ **Rep #:**_____

**Previous Page:**_______ **Drill:**________________________________ **Rep #:**_____

**Previous Page:**_______ **Drill:**________________________________ **Rep #:**_____

# ADDITIONAL NOTES

**Previous Page:_______ Drill:_______________________________ Rep #:_____**

**Previous Page:_______ Drill:_______________________________ Rep #:_____**

**Previous Page:_______ Drill:_______________________________ Rep #:_____**

**Previous Page:_______ Drill:_______________________________ Rep #:_______**

# ADDITIONAL NOTES

**Previous Page:_______ Drill:________________________________ Rep #:_____**

**Previous Page:_______ Drill:________________________________ Rep #:_____**

**Previous Page:_______ Drill:________________________________ Rep #:_____**

**Previous Page:_______ Drill:________________________________ Rep #:_____**

# ADDITIONAL NOTES

**Previous Page:_______ Drill:________________________________ Rep #:_____**

**Previous Page:_______ Drill:________________________________ Rep #:_____**

**Previous Page:_______ Drill:________________________________ Rep #:_____**

**Previous Page:_______ Drill:________________________________ Rep #:_______**

Made in United States
Troutdale, OR
11/03/2026

56844442R00073